JN275247

電子情報回路 I

樋口龍雄・江刺正喜 共著
Tatsuo Higuchi　Masayoshi Esashi

森北出版株式会社

●本書のサポート情報を当社Webサイトに掲載する場合があります．下記のURLにアクセスし，サポートの案内をご覧ください．

https://www.morikita.co.jp/support/

●本書の内容に関するご質問は，森北出版 出版部「(書名を明記)」係宛に書面にて，もしくは下記のe-mailアドレスまでお願いします．なお，電話でのご質問には応じかねますので，あらかじめご了承ください．

editor@morikita.co.jp

●本書により得られた情報の使用から生じるいかなる損害についても，当社および本書の著者は責任を負わないものとします．

■本書を無断で複写複製（電子化を含む）することは，著作権法上での例外を除き，禁じられています．複写される場合は，そのつど事前に(一社)出版者著作権管理機構（電話03-5244-5088, FAX03-5244-5089, e-mail:info@jcopy.or.jp）の許諾を得てください．また本書を代行業者等の第三者に依頼してスキャンやデジタル化することは，たとえ個人や家庭内での利用であっても一切認められておりません．

まえがき

　電子回路は電子機器のハードウェアに関する技術で，トランジスタなどのデバイスを上手に利用して，要求されるシステムのハードウェアを実現することが目的である．進歩の著しいデバイス技術に依存する割合が多いために，技術体系もしばしば見直され，時代に合った適切なものとして更新されていかなければならない．

　近年は，個別電子部品で組み立てる電子回路よりも，ASIC（Application Specific Integrated Circuit）などのいわゆるカスタムLSIの比重が増し，このためIC内の電子回路設計，すなわち集積回路設計にも通じた新しい技術体系が必要である．設計者が「電子工学」と「情報工学」に通じデバイスの物理からディジタルシステムのマイクロアーキテクチャまでの幅広い知識を持ち，たとえば遅延など，回路動作の非理想的な部分による限界を正しく理解していることが，システムを高性能化していく上で重要である．このような意味で，本書を「電子情報回路」と名付けた．

　初めて電子回路を学ぶ人達にとって，電子回路は他の科目よりも習得しにくいとの話をよく耳にする．多様な事項が入り組み，直接的に順次理解していくことはできない．このため適切な抽象化を行い，分類などを工夫して系統的に説明することによって，理解を助けるように努力しなければならないと考えている．

　本書はⅠとⅡの2巻からなる．電子デバイスの働きを増幅とスイッチングに大きく分け，Ⅰ巻では電子デバイスなどに関する基礎的な事項と増幅について，Ⅱ巻ではスイッチングについて，それぞれ説明する．

　説明上工夫した点を以下に述べる．

　① 回路動作を式の上だけでなく，物理的に正しく理解できるように図など

を工夫した．用いた式はできるだけ説明中で導出し，説明に飛躍がないようにしたつもりである．

② 重要ではあるが系統的に説明するには脇道にそれるおそれのある項目などについて，例題や演習問題の中で扱った．このため本書では特にこれらを欠かさず学習してもらいたい．

③ 脚注には，関係する節や演習問題の番号を示し，関連性を理解しやすくするようにした．

④ トランジスタのモデル（等価回路）は，大振幅信号モデルを基本とした．これで増幅回路とスイッチング回路の両方を統一的に説明し，II巻の回路シミュレーションの項でもこれを用いた．微小信号モデルはこの大振幅信号モデルをある動作点で線形近似したものとして扱っている．

⑤ 電子回路の理解が難しい理由の一つは非線形動作にある．本書では，たとえば，電圧依存性のある容量は，電圧対電荷のグラフの傾きとして扱い，その物理的な理解を容易にしたつもりである．

⑥ 動作速度と消費電力の関係や，集積度の問題など，目的に合わせた最適化が要求される場合があり，その考え方を理解できるようにした．

⑦ ディジタル回路はもとより，アナログ回路でもスイッチトキャパシタ回路やスイッチングレギュレータなどでスイッチングが多用されている．このためトランジスタのスイッチング動作や，その限界などを知ることが重要であり，II巻の始めでこれについて比較的詳しく説明する．

⑧ 従来パルス回路として扱われることの多かった，振幅連続・時間離散信号，あるいは振幅離散・時間連続信号を処理する回路に関して，9章でアナログスイッチング回路として説明した．

⑨ 論理回路やディジタル回路と呼ばれる分野では，大形システムの複雑な回路を有限の時間で間違いなく実現するため，仕様から回路を系統的に設計する手法が重要になる．このような複雑さ（complexity）に対処する基本的な考え方について，II巻では具体例を用いて説明する．

まえがき

　本書が，電子回路をより深く理解することに役立つことを期待する．電子回路の恩師である，東北大学名誉教授現東京電機大学理工学部，松尾正之教授，有益な助言を頂いた本学工学部電子工学科大見忠弘教授，通信工学科星宮望教授，電子工学科内田龍男助教授，柴田直助教授および回路シミュレーションに協力頂いた川人祥二助手に謝意を表する．

　なお本書は，1989年8月に昭晃堂から出版されたものを，森北出版から継続して発行することになったものである．

1989年1月

著　者

電子情報回路 II
目次概要
- 8　スイッチング回路の基礎
- 9　アナログスイッチング回路
- 10　ディジタル回路
- 11　回路シミュレーション
- 12　集積回路

目 次

1 電子回路と電子デバイス

2 電子デバイスとその特性

2.1 半導体 …………………………………………………………… 5
2.2 ダイオード（pn 接合）………………………………………… 9
2.3 バイポーラトランジスタ ……………………………………… 15
2.4 電界効果トランジスタ（FET）………………………………… 31
2.5 集積回路 ………………………………………………………… 41
演習問題 …………………………………………………………… 44

3 電子回路の基礎

3.1 回路解析の手法 ………………………………………………… 45
3.2 回路解析の基礎 ………………………………………………… 50
3.3 熱設計 …………………………………………………………… 60
演習問題 …………………………………………………………… 62

4 増幅回路

4.1 増幅回路パラメータ …………………………………………… 64
4.2 基本回路 ………………………………………………………… 77
4.3 各種増幅回路 …………………………………………………… 91
4.4 帰還と発振 ……………………………………………………… 124
演習問題 …………………………………………………………… 132

5 演算増幅器とその応用

5.1 演算増幅器の特性 ………………………………………… 136
5.2 演算増幅器の回路 ………………………………………… 138
5.3 演算増幅器の応用 ………………………………………… 140
演習問題 ……………………………………………………… 151

6 発振回路

6.1 発振回路の種類 …………………………………………… 153
6.2 LC 発振回路 ……………………………………………… 154
6.3 水晶発振回路 ……………………………………………… 159
6.4 CR 発振回路 ……………………………………………… 161
6.5 し張発振回路 ……………………………………………… 164
6.6 負性抵抗発振回路 ………………………………………… 166
演習問題 ……………………………………………………… 168

7 電源回路

7.1 電源回路の種類 …………………………………………… 169
7.2 整流方式とろ波 …………………………………………… 170
7.3 直流安定化電源 …………………………………………… 174
7.4 電力制御回路 ……………………………………………… 180
演習問題 ……………………………………………………… 182

参考文献 ………………………………………………………… 183
演習問題解答 …………………………………………………… 184
索　　引 ………………………………………………………… 199

1 電子回路と電子デバイス

回路の構成要素である**回路素子** (circuit element) は，次のように大きく**受動素子** (passive element) と**能動素子** (active element) に分けることができる．
① 受動素子：信号エネルギーを発生できないもの，
　　　　　抵抗 (R)，コンデンサ (C)，コイル (L) など．
② 能動素子：信号エネルギーを発生しうるもの，
　　　　　トランジスタなど．

電気回路 (electrical circuit) または**受動回路** (passive circuit) と呼ばれるものは受動素子のみで構成される回路である．これに対し**電子回路** (electronic circuit) は，能動素子を含む回路であり，**能動回路** (active circuit) とも呼ばれる[†]．

トランジスタのような，ある電気的な機能を有する回路素子のことを**電子デバイス** (electronic device) と呼ぶが，これは能動素子でもある．

能動素子の働きを，流体モデルとして図1.1に示してある．小さな入力信号を大きな出力信号に変換できるが，これは電源のエネルギーから信号エネルギーを発生しているものである．なお消費した電源エネルギーの

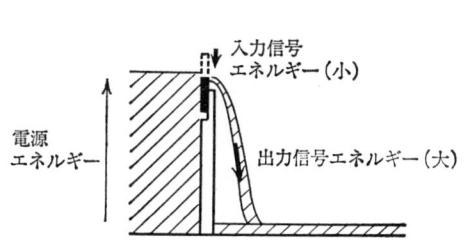

図 1.1 能動素子に等価的な流体モデル

うち，出力信号用に変換されなかった残りは，熱として放散される．このよう

[†] 3.2.3で説明する制御電源を等価回路に含む場合は，能動回路にあたる．

な形で，後に述べる**増幅**（amplification）や**スイッチング**（switching）の動作を行わせることができる．

回路素子は特性の違いで，次のように**線形素子**（linear element）と**非線形素子**（nonlinear element）に分類することもできる．なお能動素子は一般に非線形素子である．

① 線形素子：電圧と電流が直線的な関係．
② 非線形素子：電圧と電流が非直線的な関係．

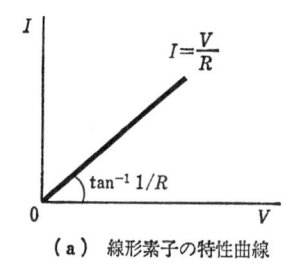

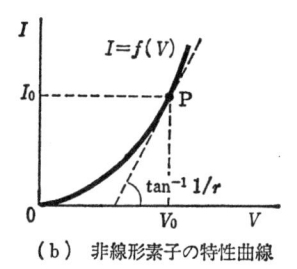

(a) 線形素子の特性曲線　　**(b)** 非線形素子の特性曲線

図 1.2

図 1.2にはそれらの特性曲線を示してある．図 1.2（a）は線形素子の特性で，$I=V/R$ となり，抵抗 R は電圧によらず一定である．

図 1.2（b）は非線形素子の特性で，曲線上の点P（電圧 V_0，電流 I_0）で電圧や電流を微小変化させる場合を考え，変化分の電圧，電流をそれぞれ，v, i とすると，電圧，電流は，

$$V=V_0+v, \quad I=I_0+i$$

となる．これを特性曲線の式 $I=f(V)$ に代入し，テーラー展開して1次の近似式を作ると次のようになる．

$$I=I_0+i=f(V_0+v) \approx f(V_0)+f'(V_0)v$$

$I_0=f(V_0)$ より，次式を得る．

$$i=f'(V_0)v \equiv \frac{1}{r}v \tag{1.1}$$

すなわち，電圧や電流の微小変化分（微小信号）i, v に関しては比例関係が

成立し, 線形とみなすことができる. なお, 微小変化分の信号やそれに関係する微分抵抗などは小文字で表現される. 図1.2で点Pは**動作点** (operating point), 動作点での電圧 V_0 や電流 I_0 は, それぞれ**バイアス電圧**, **バイアス電流**あるいは**直流バイアス**と呼ばれる. r はその動作点での**微分抵抗**または**動抵抗** (dynamic resistance) と呼ばれ, r は動作点の電圧（電流）で変化しうる.

このほか, 端子の数の違いで分類すると, 次のように**2端子素子** (two terminal element) と **3 (多) 端子素子** (three (multi) terminal element) になる.

① 2端子素子：抵抗, コンデンサ, ダイオードなど.
② 3 (多) 端子素子：トランジスタなど.

表1.1には以上のような区別による回路素子の分類を示してある.

素子によっては履歴特性（ヒステリシス）を有し, 素子自体で記憶作用を有するものもある. また抵抗やコンデンサなどで, 素子の値を変化できる可変素子もある. 電子回路では, このような回路素子以外にもスイッチのような機構

表 1.1 回路素子の分類

		2端子	3(多)端子
受動	線形	抵抗 コンデンサ コイル ほか	トランス ほか
受動	非線形	ダイオード サーミスタ ほか	強磁性体コア入りトランス ほか
能動	線形		
能動	非線形	トンネル ダイオード ほか	接合トランジスタ 電界効果トランジスタ (JFET, MOSFET)

部品や表示素子など，各種の構成要素が使用される．

　能動素子や回路について，その動作の理解を助けるため，いくつかの基本素子でこれらを表現した**モデル**（model）または**等価回路**（equivalent circuit）と呼ばれるものが用いられる．基本素子には，R, C, L などや，独立電源（電圧源，電流源），後で図3.11で説明する制御電源などがある．またある動作点での微小信号を考え線形化した**微小信号モデル**（small signal model），**微小信号等価回路**（small signal equivalent circuit）も使用される．これは線形モデル，線形等価回路とも呼ぶ．

　素子の特性や回路の特性を数値で表現したものが，それぞれ**デバイスパラメータ**（device parameter）および**回路パラメータ**（circuit parameter）である．

　電子回路は大きく**アナログ回路**（analog circuit）と**ディジタル回路**（digital circuit）に分けることができる．アナログ回路は連続的な信号（アナログ信号）を扱い，ディジタル回路は離散的な信号（ディジタル信号）を扱う．離散的とは数値（2進数の場合は各桁が0か1）として表現できることに対応する．図1.3（a）（d）はアナログ信号とディジタル信号の違いを示してある．なお（b）のように振幅は連続で時間は離散の場合，また逆に（c）のように振幅は離散で時間は連続である場合もある[†]．

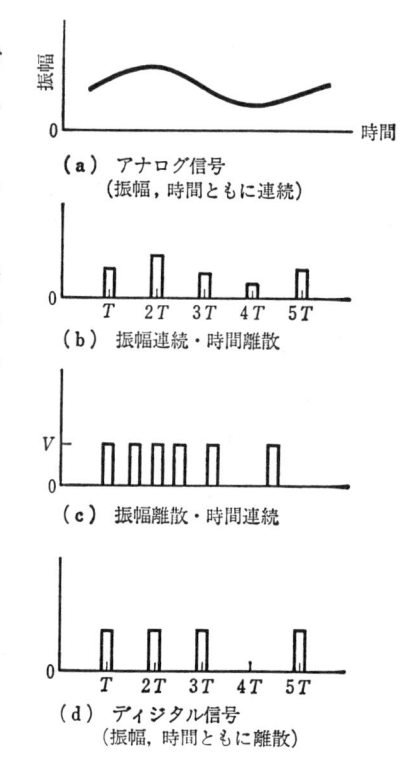

図1.3　アナログ信号とディジタル信号

(a) アナログ信号（振幅，時間ともに連続）
(b) 振幅連続・時間離散
(c) 振幅離散・時間連続
(d) ディジタル信号（振幅，時間ともに離散）

[†] 9のアナログスイッチング回路の章では，これらの信号を扱う回路について説明する．

2 電子デバイスとその特性

2.1 半 導 体

代表的な電子デバイスは，以下のようなもので，具体的には括弧内に示した節で説明する．

半導体デバイス
(semiconductor device)
- ダイオード（pn接合）(2.2節)
- バイポーラトランジスタ（接合トランジスタ）(2.3節)
- 電界効果トランジスタ（FET）(2.4節)
  - MOSトランジスタ（MOSFET）
  - 接合形FET（JFET）†

真空管(電子管)
(vacuum tube)
- 2極管
- 3極管
- 5極管

このうち真空管はほとんど使われなくなり，現在は半導体デバイスが主流である．以下でははじめに**半導体**（semiconductor）について簡単な説明を行う．

一般のダイオードやトランジスタには，主にシリコン（Si）の単結晶がその材料として用いられる．図2.1（a）にはシリコンの結晶構造を，また（b）にはこれを2次元的に表現したものを示してある．各シリコン原子は電子を介し共有結合しているが，光や熱などの外部刺激で共有結合のエネルギー E_G より大きなエネルギーを受けると，この結合が切れる．共有結合の切れる確率は $\exp(-E_G/2kT)$ となり温度が高いほど大きい．これを**励起**または**生成**（genera-

---

† 接合トランジスタと区別して正しく理解すること．

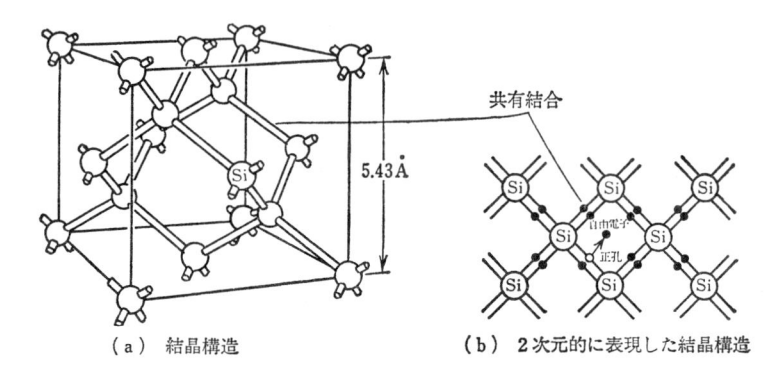

図 2.1 (a) 結晶構造　(b) 2次元的に表現した結晶構造

図 2.1　シリコンの結晶構造

tion)と呼び，図2.1(b)のように，これによって電子が飛び出す．この飛び出した**電子**(electron)(**自由電子**)は電気伝導に寄与する．なお，このエネルギー E_G は**禁制帯幅**(band gap)または**エネルギーギャップ**(energy gap)とも呼ばれる．表2.1には，関連する定数とともにその値を示すが，シリコンの E_G は1.12 eVである．

図2.2は，電子のエネルギー状態を示すエネルギー準位図であり，その価電

表 2.1　シリコンデバイスに関してよく使われる定数

電子の電荷量	q	1.60×10^{-19} クーロン
ボルツマン定数	k	1.38×10^{-23} J/K $= 8.62 \times 10^{-5}$ eV/K
		$kT/q = 0.0259$ V ($T=300$ K)
真空の誘電率	ε_0	8.854×10^{-12} F/m $= 8.854 \times 10^{-14}$ F/cm
シリコンの誘電率	ε_{Si}	約 $12 \times \varepsilon_0$
酸化膜(SiO_2)の誘電率	ε_{OX}	約 $4 \times \varepsilon_0$
シリコンのエネルギーギャップ	E_G	約 1.12 eV ($T=25°C$)
シリコンの真性キャリヤ濃度	n_i^2	$= 1.5 \times 10^{33} T^3 \exp(-14000/T)$
		$\simeq 2 \times 10^{20}/\text{cm}^3$ (300K)
シリコンの正孔の拡散定数	D_p	約 $10 \text{ cm}^2/\text{sec}$
シリコンの電子の拡散定数	D_n	約 $25 \text{ cm}^2/\text{sec}$
シリコンのキャリヤの寿命	τ	$10^{-8} \sim 10^{-6}$ sec

子帯の上と伝導帯の底のエネルギー差が E_G にあたる．価電子帯は共有結合に寄与している電子が，また伝導帯は励起されて大きなエネルギーを持った自由電子が，それぞれ取り得るエネルギーの状態である．共有結合が切れていない場合は価電子帯はすべて埋まり，伝導帯はすべて空いているが，励起があると同図のように伝導帯に自由電子が，また価電子帯には電子の抜けがらとして正の電荷を持つ**正孔（ホール）**(hole) が生じる．

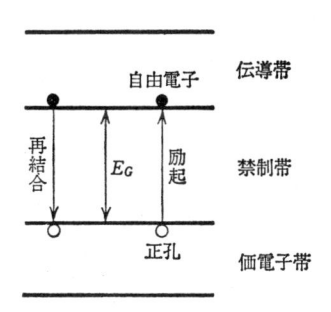

図 2.2 エネルギー準位図

図2.3のように価電子帯の正孔は，付近の共有結合が切れて生じる電子で埋められることが繰り返され，価電子帯を自由に動くことができるため，自由電子と同様に電気伝導に寄与する．

このように自由電子と正孔の2種類の**可動電荷（キャリヤ）**(carrier) があり，それぞれ負電荷と正電荷を持つ．両者が図2.2に示すように結合すると消滅し，これは**再結合** (recombination) と呼ばれる．

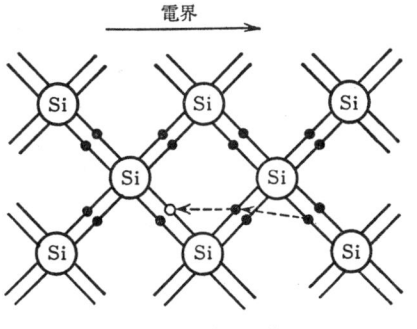

図 2.3 正孔の運動

シリコンは周期律表のⅣ族であるが，これをⅢ族やⅤ族の元素で一部置換したものを不純物半導体と呼ぶ．不純物として加えたⅤ族の元素（P, As, Sb など）は，室温では自由電子を1個放出し，正イオンとなって結晶格子を作る．電子を放出するため，この不純物をドナーと呼ぶ．この不純物を有する図2.4 (a) に示すような半導体を**n形半導体** (n-type semiconductor) と呼ぶ．これに対し，不純物としてⅢ族の元素（Bなど）を加えると，室温では電子を受け取ることによって，逆に正孔を1個放出することになり，負イオンとして結晶格子を形成する．電子を受け取るためこの不純物をアクセプタと呼ぶ．このような，図2.4 (b) に示す半導体は**p形半導体** (p-type semiconducter) と呼

（a） n形半導体

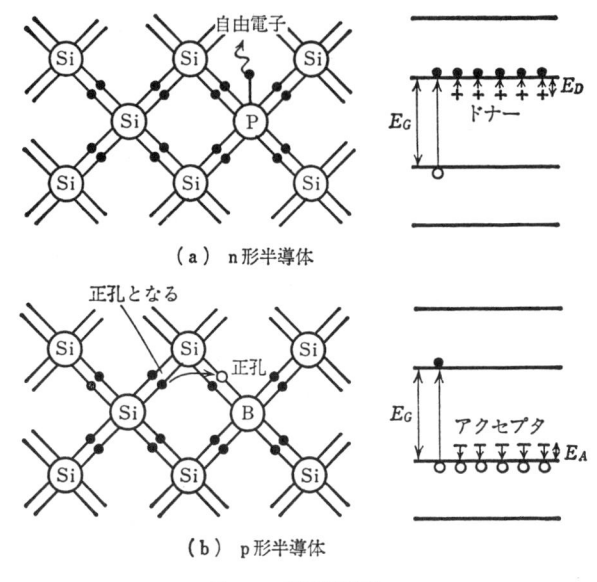

（b） p形半導体

図2.4 不純物半導体

ばれる．

このように不純物を添加することで，その量に対応した濃度で自由電子，または正孔の量を制御することができる．なお自由電子，正孔の両キャリヤのうち，高濃度のほう（n形では自由電子，p形では正孔）を**多数キャリヤ**（majority carrier），低濃度のほうを**少数キャリヤ**（minority carrier）と呼ぶ．このほか，不純物半導体においては，イオン化したドナーやアクセプタは結晶格子に組み込まれて移動できず，**固定電荷**（fixed charge）と呼ばれる．

図2.5にはp形半導体とn形半導体の内部の電荷の様子を模式的に示してある．なお同図で，少数キャリヤは少ないので省略した．

表2.2には電荷の違いで，半導体を他の材料と比較して示してある．半導体では，固定の正負電荷（ドナーイオンとアクセプタイオン）および可動正負電荷（正孔と電子）を持ち，しかもそれらの濃度を，入れる不純物量で自由に制御できる材料であり，これが電子デバイスに半導体が利用され，重要な働きを

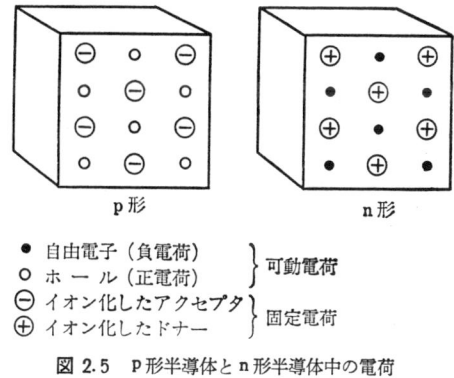

- ● 自由電子（負電荷）
- ○ ホール（正電荷） ｝可動電荷
- ⊖ イオン化したアクセプタ
- ⊕ イオン化したドナー ｝固定電荷

図 2.5 p形半導体とn形半導体中の電荷

表 2.2 半導体と他の材料の違い（△ 小量）

	−	+	⊕	⊖
	電子	ホール	正イオン	負イオン
半導体	○	○	○固定	○固定
金　　属	○			
絶縁物			△固定	△固定
電解液			○	○
プラズマ	○		○	△

する大きな理由といえる．

2.2 ダイオード（pn接合）

(1) 動作原理

p形とn形の半導体を図2.6のように重ね合わせた **pn接合** (pn junction) について考える．接合によってそれぞれの半導体の多数キャリヤが相手側へ拡散すると，n側にホールが，p側に電子が増えることになり，n形がp形よりある電位だけ正になって平衡状態に至る．この電位は **拡散電位** (diffusion potential) または **ビルトイン電圧** (built-in potential) と呼ばれ，シリコンの場合は約0.6Vとなる．この状態を図2.6に示してある．拡散電位を V_{bi} とす

ると，このエネルギー準位図では，n側がp側より電子にとってqV_{bi}だけエネルギーが低いことになる．なお，ここでqは電子の電荷量である．

接合部には，キャリヤがなくなり，ドナーやアクセプタイオンの固定電荷だけの層が形成されるが，この層は**空乏層**（depletion layer）と呼ばれる．

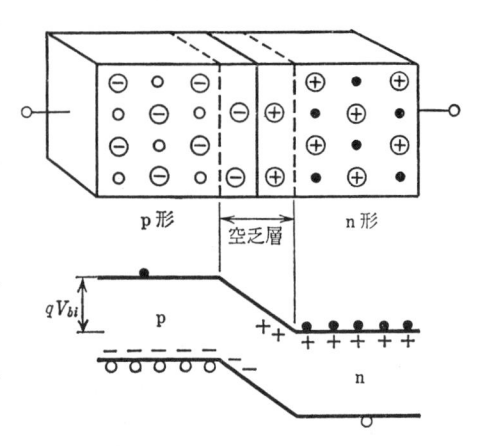

次にpn接合の両側の端子に外部から電圧を印加した場合を考える．図2.7（a）はp側に正の電圧Vを印加した順方向バイアス時，又（b）は逆にp側に負の電圧Vを印加した逆方向バイアス時である．（a）ではn形からp形へ電子が，又p形からn形へホールが，それぞれ拡散で注入される．これらのキャリヤはそれぞれ到達した先の多数キ

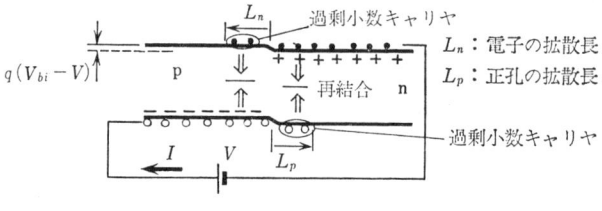

図2.6　pn接合ダイオードの原理

（a）順方向バイアス時（導通）

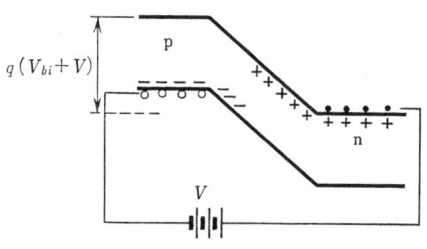

（b）逆方向バイアス時（非導通）

図2.7　電圧印加時のpn接合

2.2 ダイオード (pn接合)

ャリヤと再結合して消滅するが，それを補うためにホールや電子が動き，外部回路に電流が流れることになる．なおP形に注入された電子や，逆にn形に注入されたホールは本来の少数キャリヤ密度よりも余分で，**過剰少数キャリヤ** (excess minority carrier) と呼ばれる．またそれらの消滅までに拡散する長さ L_n, L_p は電子やホールの**拡散長** (diffusion length)，消滅するまでの時間は**寿命** (life time) とそれぞれ呼ばれる．

図2.7(b)の逆方向バイアスの場合にはn形中の電子やP形中のホール，すなわち多数キャリヤは相手側に注入されないため電流はほとんど流れず，わずかに少数キャリヤであるP形中の電子やn形中のホールによる電流だけが流れうる．この電流は**飽和電流** (saturation current) と呼ばれ，非常に小さい．

このように電圧を印加する方向によって，導通状態と非導通（しゃ断）状態となるため，図2.8に示すような電圧-電流（V-I）特性となる．このような素子は**ダイオード** (diode) と呼ばれ，整流などの働きをする．

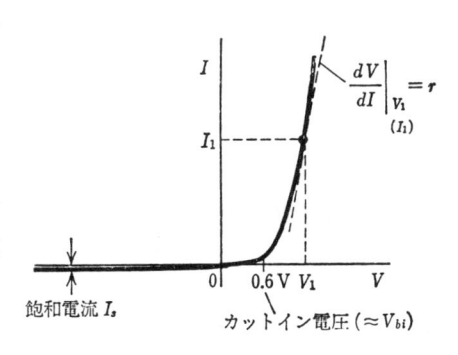

図 2.8 pn接合ダイオードの電圧-電流特性

理想的なダイオードの V-I 特性は次の理想ダイオードの式で表される．

$$I = I_S(e^{\frac{qV}{kT}} - 1) \tag{2.1}$$

ここで，I_S は上で述べた飽和電流，q は電子の電荷量，k はボルツマン定数，T は絶対温度である．この式で順方向バイアス時と逆方向バイアス時の特性はそれぞれ次のように近似できる．なお表2.1のように，kT/q は室温で約26 mV となる．

順方向バイアス時 ($V \geq 0$)

$$I \approx I_S\, e^{\frac{qV}{kT}} \tag{2.2}$$

逆方向バイアス時（$V<0$）
$$I \approx -I_S \tag{2.3}$$
順方向バイアス電圧 V_1 で電流 I_1 を流した時の微分抵抗 r を求めてみると，式 (2.2) より，

$$\left. \begin{aligned} \left.\frac{dI}{dV}\right|_{I=I_1} &\approx \frac{q}{kT} I_S e^{\frac{qV}{kT}} = \frac{q}{kT} I_1 \\ r\bigg|_{I=I_1} &= \left.\frac{dV}{dI}\right|_{I=I_1} \approx \frac{kT}{q} \frac{1}{I_1} \end{aligned} \right\} \tag{2.4}$$

となり，r は電流に反比例することがわかる．

図 2.7 で説明した動作原理から，順方向バイアス電圧が拡散電位 V_{bi} に近づくと，電流が急増することが予測される．実際に用いられる電流のレベルで考えると，図 2.8 のように，シリコンでは約 0.6 V から電流が流れ始めることになり，この電圧 V_D は**カットイン電圧**（cut-in voltage）と呼ばれる．ゲルマニウムを用いたダイオードの場合は，この電圧は約 0.2 V となる．

次に，ダイオードの高周波特性や過渡特性に影響する静電容量について考える．静電容量 C は，電圧 V を印加した時に蓄えられる電荷の量 Q で次のように表される．

$$C \equiv \frac{dQ}{dV} \tag{2.5}$$

順方向バイアス時で特にカットイン電圧以上の電圧を印加した場合，図 2.7 (a) に示したように多数キャリヤが反対側の半導体に注入され，それが再結合して電流が流れることになる．このため注入されて再結合に至っていない過剰少数キャリヤの分だけ接合面近傍にキャリヤが蓄積されていることになる．この電荷 Q_S を**過剰少数キャリヤ電荷**（excess minority carrier charge）または**蓄積電荷**と呼ぶが，これは電流に比例した量となり，式 (2.2) と同様に次のように表される．

$$Q_S \propto e^{\frac{qV}{kT}} \quad (V>0) \tag{2.6}$$

順方向バイアスから逆方向バイアスに切り換えた時，この Q_S があると，それが消滅するまで，一時的に電流が流れることになり，II 巻（8 章）のスイッ

チング特性の項で述べるような遅れ時間の原因となる．

これに対し，逆方向バイアス時やカットイン電圧以下の順方向バイアス時には，Q_S の問題がない代わりに次のような**空乏層電荷** (depletion layer charge) Q_C が問題になる．空乏層には，図2.6に示したように，正負の等しい量の固定電荷による電気2重層があるが，外部から逆方向バイアス電圧を印加すると，空乏層幅が拡がり，固定電荷の量も増大する．Q_C は印加電圧 V ($V<0$) に対して次のように表される†．

$$Q_C = \sqrt{\frac{2\varepsilon_{Si} N_D N_A (V_D - V)}{q(N_D + N_A)}} \tag{2.7}$$

ここで ε_{Si} はシリコンの誘電率，N_D, N_A はそれぞれn層，p層の不純物密度である．

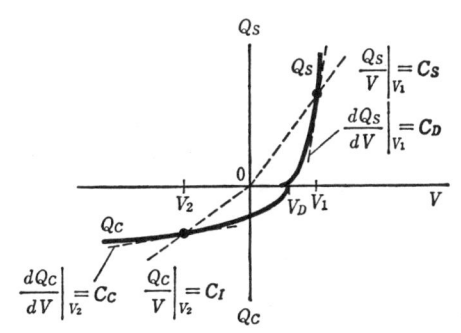

図 2.9 過剰少数キャリヤ電荷 Q_S，空乏層電荷 Q_C の電圧依存性（C_D：拡散容量，C_C：空乏層容量，C_S：蓄積容量，C_I：積分空乏層容量）

図2.9は，Q_S や Q_C の電圧依存性である．この傾きから式 (2.5) の関係で，それぞれ**拡散容量** (diffusion capacitance) C_D および**空乏層容量** (depletion layer capacitance) C_C が求められ，これらの C_D と C_C の合計 C_J を**接合容量** (junction capacitance) と呼ぶ．なお C_D や C_C は電圧依存性のある容量である．Q_S/V は**蓄積容量** (storage capacitance) と呼ばれる積分容量で C_S で表す．なお，Q_C/V として**積分空乏層容量** C_I を考えることもできる．

---

† 参考文献（1）を参照のこと．

（2）モ　デ　ル

実際のダイオードの構造とモデル（等価回路）を図2.10（a）（b）に示す．モデルは式（2.1）に従う特性を持つ理想的なダイオードに加えて，半導体自体の抵抗などによる直列抵抗分 r_S，および C_S と C_I からなる．C_S や C_I は非線形容量であるため図のような記号を用いた．同図（c）と（d）には，それぞれ図2.7のように電圧を印加する，順方向バイアスと逆方向バイアスの場合における微小信号モデルを示す．なおここでは，容量 C_S, C_I を線形化し，微分容量 C_D, C_C としてある．

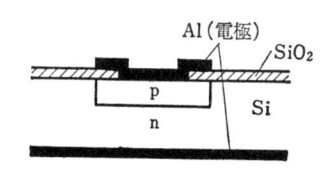

（a）実際のダイオードの構造

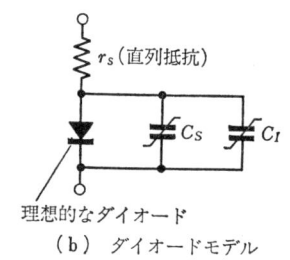

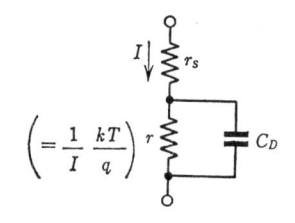

（b）ダイオードモデル

$\left(=\dfrac{1}{I}\dfrac{kT}{q}\right)$

（c）順方向バイアス時の微小信号モデル

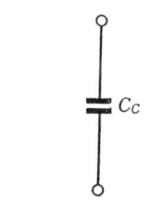

（d）逆方向バイアス時の微小信号モデル
　　　　（r_S と飽和電流は無視）

図 2.10　ダイオードの構造とモデル

実際のダイオードでは図2.11左のように大きな逆方向バイアス電圧を加えるとある電圧から電流が流れ始める．この電圧は**降伏電圧**（breakdown voltage）と呼ばれダイオードとして使用可能な電圧の上限を与えることになる．またこの特性を積極的に利用して一定の電圧を作る**定電圧（ツェナー）ダイオード**（Zener diode）もある．

2.3 バイポーラトランジスタ

図2.11にはダイオード特性の温度依存性の様子も示してあるが，温度を上げると，飽和電流 I_S が増大するとともに，順方向では電流を一定とした時には1℃当り電圧が $-2\,\mathrm{mV}$ 程変化することになる．

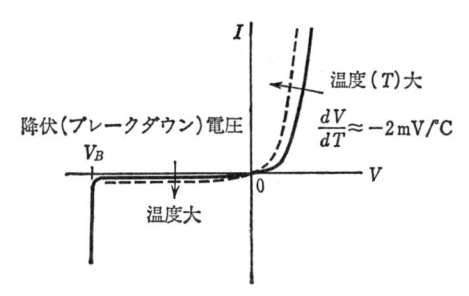

図 2.11 ダイオードの降伏特性と温度特性

2.3 バイポーラトランジスタ

(1) 動作原理

バイポーラトランジスタ (bipolar transistor) は**接合トランジスタ** (junction transistor) とも呼ばれ，図2.12にその構造と記号を示す．npnトランジスタとpnpトランジスタの2種類があるが，以下ではnpnトランジスタを例に動作を説明する．

図2.13(a)は，**エミッタ** (emitter), **ベース** (base), **コレクタ** (collector)

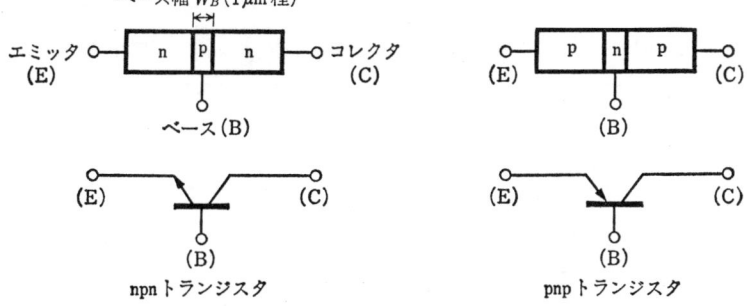

図 2.12 バイポーラトランジスタの構造（上）と回路記号（下）

の各端子を開放にした熱平衡状態の場合を示す．次に同図（b）のように，ベース-エミッタ間を順方向に，ベース-コレクタ間を逆方向にそれぞれバイアスする電圧を各端子に印加した場合を考える．エミッタからベースへは電子が注入されるが，ベース層はその幅が拡散長 L_n より十分小さいため，電子の大部

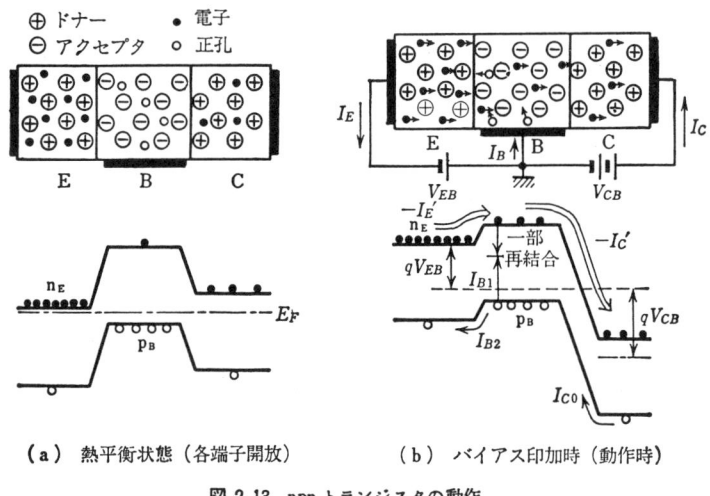

（a）熱平衡状態（各端子開放）　　（b）バイアス印加時（動作時）

図 2.13　npn トランジスタの動作

分は，ベース中で再結合することなく，コレクタ側へ流れ出ることになる．コレクタはベースに対し正の電圧が印加されているので，このベースから流れ出た電子はコレクタに集められる．ベース端子への小さな入力信号でエミッタからの電子の注入量を大きく変えることにより，コレクタ電流を変化させて大きな信号エネルギーを取り出すことができ，増幅やスイッチングの働きをする．なお pnp トランジスタの場合は，電子の代わりに正孔が注入され，各端子間に印加される電圧，および電流の極性は逆になる．

図2.13（b）中に示す各電流成分はそれぞれ以下のようなものである．

I_E'：エミッタから注入された電子による電流．

I_C'：ベース層を通過してコレクタ側へ流れ出た電子による電流．

I_{B_1}：ベース領域での正孔と電子の再結合による電流．

I_{B_2}：ベースからエミッタへ注入された正孔による電流．
I_{C0}：コレクタの少数キャリヤによる飽和電流．

エミッタ電流 I_E, コレクタ電流 I_C, ベース電流 I_B の間には次の関係が成り立つ．

$$I_E = I_C + I_B$$

I_E, I_C, I_B はそれぞれ次のようになり，その関係を図 2.14 に示す．

$$I_C = I_C' + I_{C0}$$
$$I_B = I_{B_1} + I_{B_2} - I_{C0}$$
$$I_E = I_E' + I_{B_2} = I_C' + I_{B_1} + I_{B_2}$$

一般に I_{C0} は小さいため，以下ではこれを無視することにする．

エミッタ電流 I_E に対するコレクタ電流 I_C の割合を**電流増幅率** (current gain)（正しくは，**ベース接地短絡電流利得** (common-base current gain)）と呼び，これを α で表すと，次のようになる．

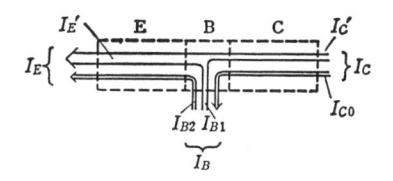

図 2.14 トランジスタの電流

$$\left. \begin{array}{l} I_C = \alpha I_E \\ \alpha = \dfrac{I_C}{I_E} = 1 - \dfrac{I_B}{I_E} \end{array} \right\} \quad (2.8)$$

α は普通 0.95～0.999 程度の 1 に近い値で，式 (2.8) からわかるように，α が 1 に近いほど I_B/I_E は小さくてほとんど 0 となる．ベース電流 I_B に対するコレクタ電流 I_C の割合は次のようになり，これは**エミッタ接地短絡電流利得** (common-emitter current gain) と呼び，β で表す．

$$\frac{I_C}{I_B} = \frac{I_C}{I_E - I_C} = \frac{\dfrac{I_C}{I_E}}{1 - \dfrac{I_C}{I_E}} = \frac{\alpha}{1-\alpha} \equiv \beta \quad (2.9)$$

β は 20～1000 程の大きな値であり，バイポーラトランジスタでは β 倍の大

きな電流増幅が行われることがわかる．

α について具体的に説明すると，α は次のように，**エミッタ効率** (emitter efficiency) γ と**到達率** (transport factor) δ の積で表される．

$$\alpha = \frac{I_C}{I_E} \approx \underbrace{\frac{I_E'}{I_E}}_{\text{エミッタ効率}\gamma} \cdot \underbrace{\frac{I_C'}{I_E'}}_{\text{到達率}\delta} \equiv \gamma \cdot \delta \tag{2.10}$$

エミッタ効率 γ は，全エミッタ電流 I_E のうち，エミッタからベースへ注入される電子による電流 I_E' の割合であり，残りはベースからエミッタへ注入されるホールによる電流 I_{B_2} による分である．この γ はベース幅 W_B，エミッタ領域でのホールの拡散長 L_E，およびエミッタ層とベース層の抵抗率 ρ_E，ρ_B と次のような関係にある†．

$$\gamma \simeq \frac{1}{1 + \dfrac{\rho_E}{\rho_B}\dfrac{W_B}{L_E}} \tag{2.11}$$

γ を大きくするためには，ベースのホール濃度がエミッタの電子濃度に対して無視できるように，前者の不純物濃度を後者よりも十分小さくした構造が必要となる．

一方，到達率 δ は，ベースへ注入された電子電流 I_E' のうち，ベース中で再結合せずにコレクタ側へ到達できる電子による電流 I_C' の割合であり，残りは再結合によるベース電流分 I_{B_1} によるものである．ベースの幅が十分厚いとした時の電子の拡散長を L_B とすると，δ は次式のように表される†．δ を大きくするには，W_B を L_B より十分狭くする必要があることがわかる．なお，この式は $W_B \ll L_B$ の場合である．

$$\delta \simeq 1 - \frac{1}{2}\left(\frac{W_B}{L_B}\right)^2 \tag{2.12}$$

エミッタを共通端子としてベースに入力電流 I_B を流し，コレクタから出力電流として I_C を取り出す図 2.15 (a) に示す回路は，**エミッタ接地回路**††(com-

---

† 参考文献 (1) を参照．
†† 入力と出力でエミッタ端子を共通に使用する回路でエミッタ共通 (common) と呼ぶのがふさわしいが，習慣上接地と呼ぶ．

mon emitter circuit) と呼ばれ，その電流増幅率は式 (2.9) の β となる．図 2.15(b) には，その時のベース端子とコレクタ端子のそれぞれの電圧-電流特性を示した．ベース端子の特性は，図 2.8 に示したダイオードの特性とほと

(a) エミッタ接地回路　　　**(b) 静特性**

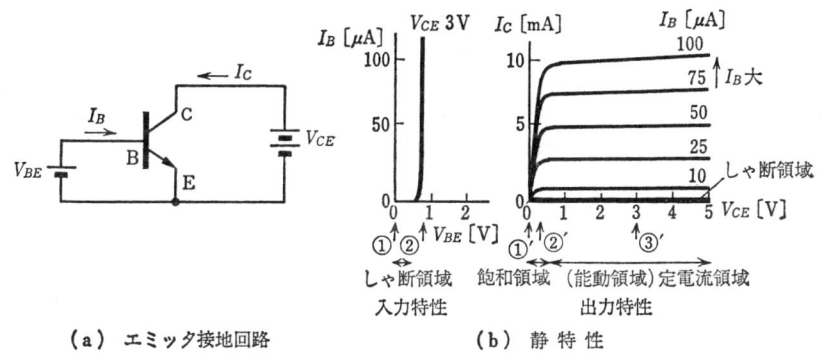

図 2.15　エミッタ接地回路と静特性

んど同じである．他方コレクタでは，I_C がコレクタ電圧 V_{CE} によらずほぼ一定で，それが I_B で変わり，I_C は I_B の β 倍となる．この図中に示した各点（①，②，①′，②′，③′）での動作を，流体に置き換えたモデルとして，模式的に示したものが図 2.16 であり，図 2.15 中に示したしゃ断領域 (cut-off region)，飽

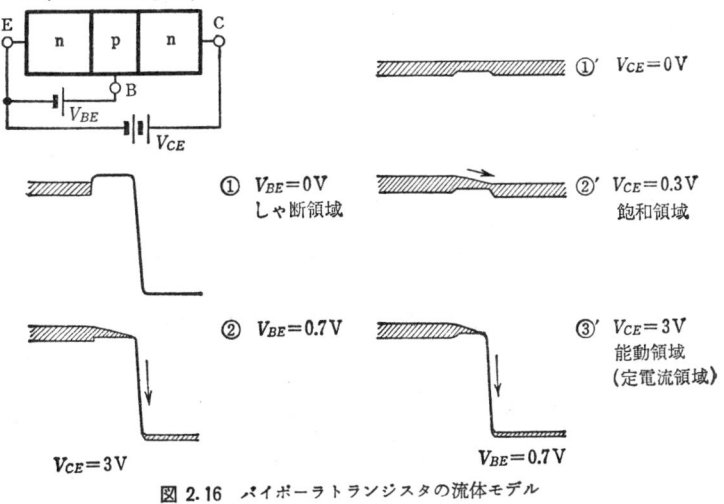

図 2.16　バイポーラトランジスタの流体モデル

和領域 (saturation region)，および**能動領域** (active region)（または**定電流領域**とも呼ぶ）での動作の様子を知ることができる．

図2.17（a）は，ベースを共通端子としてエミッタに入力電流 I_E を流し，コレクタから出力電流 I_C を取り出す回路で，**ベース接地回路** (common base circuit) と呼ばれる．（b）には，その時のコレクタ端子の電圧-電流特性（出力特性）を示してある．I_C は I_E で変わり，V_{CB} に対してはほとんど不変である．I_C は I_E とほぼ等しいが（I_E の α 倍），コレクタに大きな抵抗を接続してその端子電圧を取り出せば，大きな出力電圧を得ることができる．

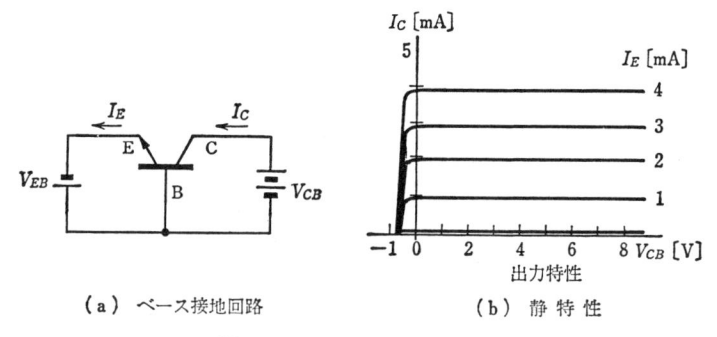

（a）ベース接地回路　　（b）静特性

図 2.17　ベース接地回路と静特性

実際のバイポーラトランジスタの構造は図2.18のようなものである．上から下にエミッタ，ベース，コレクタの各層が作られており，図中のグラフベ

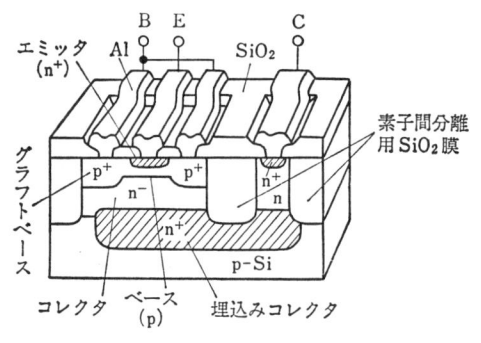

図 2.18　バイポーラトランジスタの構造

ースや埋込みコレクタは，それぞれベースやコレクタでの直列抵抗を小さくするために使用されている†．

（2）モデル

バイポーラトランジスタのモデル（等価回路）を，動作の説明図とともに図2.19（a）に示す．この図では，ベース-エミッタ間がダイオードで，コレクタには電流源が接続されている．この電流源は電流値がαI_Eであり，I_Eによって変わる電流制御電流源となっている††．ベース-エミッタ接合でエミッタから注入された電子は大部分がコレクタへ流れ出るため，ダイオードの電流I_Eは，そのうちのわずかな部分（$(1-\alpha)$倍）だけがベース電流となる．

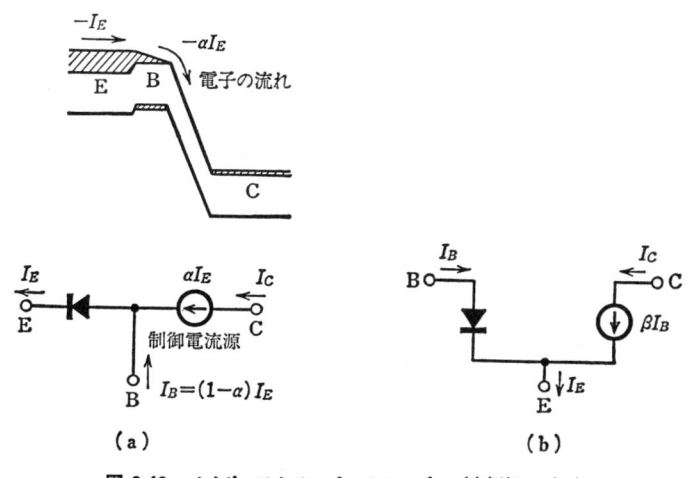

図 2.19 バイポーラトランジスタのモデル（大振幅モデル）

エミッタ電流I_Eとベース-エミッタ電圧V_{BE}の関係は理想ダイオードの式（式(2.1)）に従うため，I_E, I_C, I_Bは飽和電流をI_{ES}とすると次のように表される．

$$\left. \begin{array}{l} I_E = I_{ES}(e^{\frac{qV_{BE}}{kT}} - 1) \\ I_C = \alpha I_E = \alpha I_{ES}(e^{\frac{qV_{BE}}{kT}} - 1) \\ I_B = I_E - I_C = (1-\alpha) I_{ES}(e^{\frac{qV_{BE}}{kT}} - 1) \end{array} \right\} \quad (2.13)$$

---

† 図中でn⁺, p⁺, n⁻の+，−は不純物濃度の大小を表し，+は高濃度，−は低濃度を意味する．
†† 図3.11で説明する．

なおこのモデルは，B-E間を順方向バイアス，B-C間を逆方向バイアスにした時の順方向動作と呼ばれるものを表現している．これとは逆にB-E間逆方向バイアス，B-C間順方向バイアスとした逆方向動作と呼ばれる場合も含め一般化したモデルは**エバース・モル** (Ebers-Moll) **モデル**と呼ばれ，広く用いられる[†]．

式 (2.13) から，ベース電流 I_B もダイオード特性の式で表されることがわかる．またコレクタ電流 I_C と I_B の関係は式 (2.9) のようになるが，これを用いると，図2.19 (b) のような，コレクタの電流 I_C を I_B で表したモデルを作成することもできる．

図2.19はいわば理想的なトランジスタのモデルであり，実際のトランジスタではこのほかにベース層の抵抗 R_B，およびコレクタ電圧で生じるB-C間空乏層のために実質的なベース幅が変化する**アーリー効果** (Early effect) によるコレクタ抵抗 R_C も考える必要がある．これらを合わせると，図2.20のようなモデルでトランジスタを表現することになる．なおこの図でB'はベースの内部を意味する．

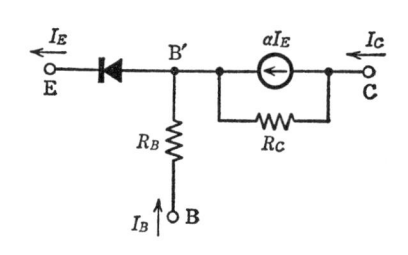

図 2.20 R_B, R_C を加えたモデル（大振幅モデル）

以上は非線形特性も含み，大振幅動作にも適用できる**大振幅モデル** (large signal model) であり，スイッチング回路の解析などにも使用できる．これに対して，増幅回路の場合には，ある動作点にバイアスし，これに小振幅の信号を加えて動作させることが多く，この場合は，図1.2(b) に示したように動作点で線形化した**微小信号モデル** (small signal model) を用いる

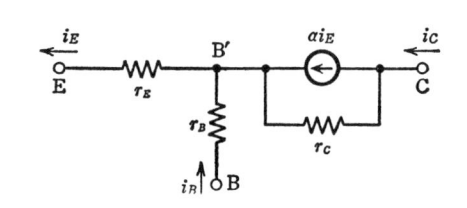

図 2.21 ベース接地T形モデル（微小信号モデル）

[†] これについてはⅡ巻（8章）のスイッチング特性の項で説明する．

ことができる．図2.21は，図2.20のモデルを線形化したもので**T形モデル** (T model) と呼ばれる．ここでr_Eは，式(2.4)で説明したダイオードの微分抵抗でありkT/qI_Eとなる．この図2.21は，コレクタの電流源がエミッタ電流による制御電流源として表されたベース接地T形モデルである．これに対して，電流源をベース電流による制御電流源として表すと，図2.22のエミッタ接地の T 形モデルを作ることができる．図中のαは微小変化分であるi_Cとi_E比 (i_C/i_E) であり，式(2.8)で定義したα ($=I_C/I_E$)とは定義が異なる．しかしαが電流値によらずほとんど一定である範囲内では両方のαは大体等しいと考えることができる．このことはβの場合でも同じであり[†]，以下では$\beta \equiv I_C/I_B \approx i_C/i_B$として扱う．

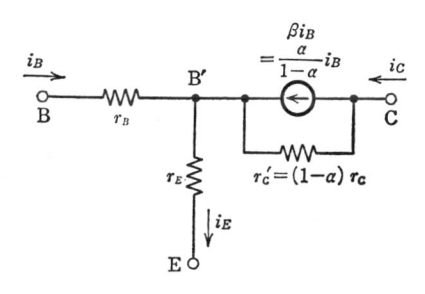

図2.22 エミッタ接地T形モデル（微小信号モデル）

図2.21と図2.22の$v_{CB'}$が等しいとすると次のようになる．

$$v_{CB'} = r_C\{i_C - \alpha(i_B + i_C)\} \quad (図2.21 より)$$
$$= (1-\alpha)r_C\left\{i_C - \frac{\alpha}{1-\alpha}i_B\right\}$$
$$= r_C'\{i_C - \beta i_B\} \quad (図2.22 より)$$

これからr_C'は $(1-\alpha)r_C$となることがわかる．

上のT形モデルは構造に基づくモデルといえるのに対し，図2.23のようにデバイスの内部をブラックボックスとして抽象化し，入出力の電圧と電流の関係だけに着目したモデルを考えることもできる[††]．トランジスタを利用す

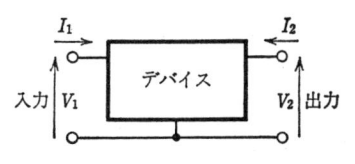

図2.23 デバイス内部のブラックボックス化

[†] 図2.24の静特性上におけるI_BとI_Cの関係から，このβの電流依存性は少ないことがわかる．
[††] 4.1.1能動4端子回路参照．

る立場からは後者の方が便利であるため，トランジスタの規格表などでは一般にこのモデルのパラメータが表示されている．

図2.23で，出力電圧 V_2 と入力電流 I_1 を変数とし，これによって入力電圧 V_1 および出力電流 I_2 を表すと次のようになる．

$$\left.\begin{array}{l} V_1 = H_1(I_1, V_2) \\ I_2 = H_2(I_1, V_2) \end{array}\right\} \qquad (2.14)$$

ここで，入力端子をベース，出力端子をコレクタ，共通端子をエミッタにそれぞれ対応させたエミッタ接地回路を考える．式 (2.14) の二つの式でそれぞれ2組の曲線群を用いると，図2.24のように静特性を表現できる[†]．

式 (2.14) で微小変化分に対しては，次の微分形の式で表すことができる．

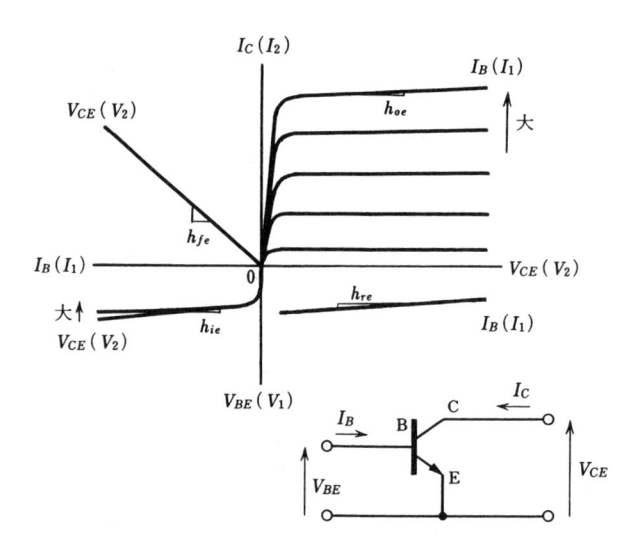

図 2.24　エミッタ接地における h パラメータの物理的意味

[†] このほか，$V_1 = Z_1(I_1, I_2)$，$V_2 = Z_2(I_1, I_2)$ で表す Z パラメータや，$I_1 = Y_1(V_1, V_2)$，$I_2 = Y_2(V_1, V_2)$ で表す Y パラメータもあり，これらについては4.3.3で述べる．

2.3 バイポーラトランジスタ

$$dV_1 = \frac{\partial V_1}{\partial I_1}dI_1 + \frac{\partial V_1}{\partial V_2}dV_2 \\ dI_2 = \frac{\partial I_2}{\partial I_1}dI_1 + \frac{\partial I_2}{\partial V_2}dV_2 \Bigg\} \quad (2.15)$$

これらの式で，微小変化分の電圧や電流を端子名の付いた小文字で表し，また微分形の各係数をそれぞれ，h_{ie}, h_{re}, h_{fe}, h_{oe} で置き換えると，次のような式が得られる†．

$$v_{BE} = h_{ie}i_B + h_{re}v_{CE} \\ i_C = h_{fe}i_B + h_{oe}v_{CE} \Bigg\} \quad (2.16)$$

各係数 h_{ie}, h_{re}, h_{fe}, h_{oe} はエミッタ接地の h（ハイブリッド）パラメータ（hybrid parameter）と呼ばれ，その意味はそれぞれ図2.24中にも示してあるが，以下のとおりである．

$$h_{ie} = \frac{v_{BE}}{i_B}\bigg|_{v_{CE}=0} \quad \text{（出力短絡）入力インピーダンス（Ω）}$$

$$h_{re} = \frac{v_{BE}}{v_{CE}}\bigg|_{i_B=0} \quad \text{（入力開放）電圧帰還率}$$

$$h_{fe} = \frac{i_C}{i_B}\bigg|_{v_{CE}=0} \quad \text{（出力短絡）電流利得}$$

$$h_{oe} = \frac{i_C}{v_{CE}}\bigg|_{i_B=0} \quad \text{（入力開放）出力アドミタンス（S）}$$

図2.25（a）には，この h パラメータモデル（h parameter model）を示してある．一般には h_{re} および h_{oe} は小さいため，これらを無視し同図（b）のよ

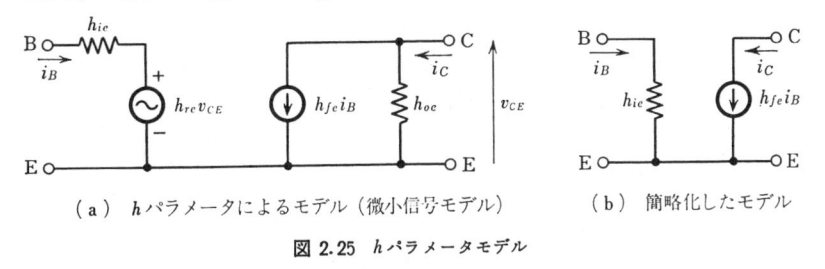

（a）h パラメータによるモデル（微小信号モデル）　　（b）簡略化したモデル

図 2.25 h パラメータモデル

---

† エミッタを入力端子としたベース接地やコレクタ接地の h パラメータモデルなども考えることができ，この場合は添字の e を b や c にする．

うな簡略化したモデルで考えることができる．なおこれは図2.19（b）の大振幅モデルに対応する微小信号モデルである．

【例題 2.1】 図2.25（b）のh_{ie}とh_{fe}をT形モデルのパラメータで表せ．ただし，図2.22に示したT形モデルで，r_C'は十分大きいとして無視してよい．

解
$$v_{BE} = h_{ie}i_B = r_B i_B + r_E i_E$$
$$i_E = i_B + i_C = (1+\beta)i_B$$

これから，
$$h_{ie} = r_B + (1+\beta)r_E$$

また，$i_C = h_{fe}i_B = \beta i_B$ より，
$$h_{fe} = \beta \qquad \blacksquare$$

代表的な数値例を入れたT形モデルやhパラメータモデルを図2.26に示すが，各パラメータの値は，図2.24からもわかるようにバイアス値によって変わる．

以上は直流的な定常状態での動作に関するモデルであるが，高周波増幅回路やスイッチング回路ではトランジスタの動的な特性を考慮したモデルが用いら

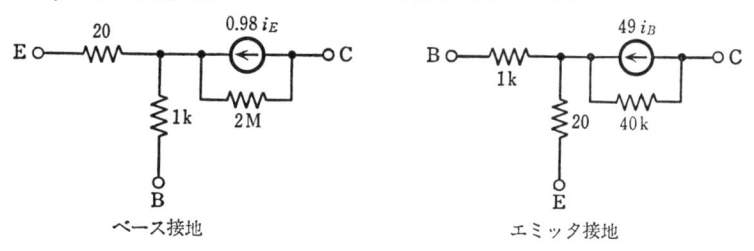

（a） T形モデル

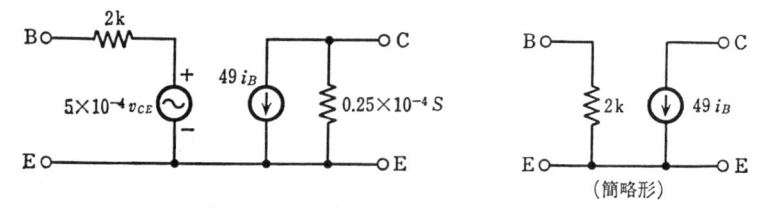

（b） hパラメータモデル（エミッタ接地）

図 2.26 数値例を入れた微小信号モデル

れる[†].

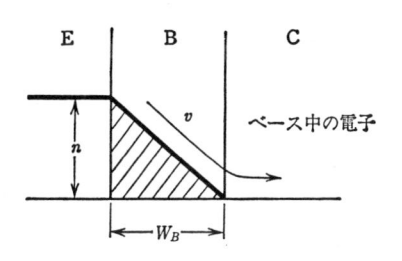

このモデルに関する説明の前に動的な特性の物理的な意味について述べる[††]. 図2.27には, ベース中の電子密度分布の様子を示してある. ベース領域の長さ(ベース幅)を W_B とし, ベース中央での電子の平均速度を v とすると, 電子がベース領域を通過する時間 τ_F は次のように表される.

図 2.27 ベース中の電子密度分布

$$\tau_F = \frac{W_B}{v} \qquad (2.17)$$

τ_F は, 少数キャリヤの平均順方向伝達時間 (mean forward transit time of the minority carriers) と呼ばれる. ベースのエミッタ端での過剰電子密度を n とする. ベース-エミッタ界面の単位断面積を, 単位時間当り通過する電子の数は, 次式のようにベース中央の電子密度 $(n/2)$ と v の積であり, これはまたベース中の電子の濃度勾配 (n/W_B) と拡散定数 D_n の積としても表せる.

$$\frac{1}{2}nv = \frac{n}{W_B}D_n$$

上の2式より v を消去すると τ_F は次のようになる.

$$\tau_F = \frac{W_B^2}{2D_n} \qquad (2.18)$$

n が変化した時, コレクタ電流の変化は τ_F だけ遅れるため, $1/\tau_F$ 以上の周波数の入力信号にはコレクタ電流は追随できないことになり, 電流増幅率 α は次のように表される.

$$\alpha = \frac{\alpha_0}{1+j\dfrac{\omega}{\omega_\alpha}} \qquad (2.19)$$

---

† II巻でトランジスタのスイッチング動作に関して説明する.
†† II巻の図8.17であらためて詳しく説明する.

ここで ω_α は $1/\tau_F$ で，$f_\alpha\left(\equiv\dfrac{\omega_\alpha}{2\pi}\right)$ は **α しゃ断周波数**（α cut-off frequency）と呼ばれ，また α_0 は直流での α である．式 (2.18) の τ_F の関係から ω_α はベース幅 W_B を小さくすることにより大きくできることがわかる．これをもとに β の周波数特性は次のように表される．

$$\beta=\dfrac{\alpha}{1-\alpha}=\dfrac{\dfrac{\alpha_0}{1+j\dfrac{\omega}{\omega_\alpha}}}{1-\dfrac{\alpha_0}{1+j\dfrac{\omega}{\omega_\alpha}}}=\dfrac{\alpha_0}{1-\alpha_0+j\dfrac{\omega}{\omega_\alpha}}$$

$$=\dfrac{\dfrac{\alpha_0}{1-\alpha_0}}{1+j\dfrac{\omega}{(1-\alpha_0)\omega_\alpha}}\equiv\dfrac{\beta_0}{1+j\dfrac{\omega}{\omega_\beta}} \qquad (2.20)$$

ここで $\beta_0(\equiv\alpha_0/(1-\alpha_0))$ は直流での β，また ω_β は $(1-\alpha_0)\omega_\alpha$ で，$f_\beta\left(\equiv\dfrac{\omega_\beta}{2\pi}\right)$ は **β しゃ断周波数**（β cut-off frequency）と呼ばれる．

図 2.28 には α と β の周波数特性の様子を示してあるが，β_0 は α_0 の $1/(1-\alpha_0)$ 倍と大きくなる代わりに，ω_β は ω_α の $(1-\alpha_0)$ 倍と小さくなっている．なお電流増幅率としゃ断角周波数の積は，ベース接地，エミッタ接地とも等しく $\alpha_0\omega_\alpha$ である．

次にトランジスタの動的な特性を考慮したモデルについて説明する．

図 2.29 は図 2.19 の大振幅モデルに対応した**高周波モデル**（high frequency model）（**動的モデル**）である．同図で C_F はエミッタ蓄積容量と呼ばれ，エミッタから注入されたベース層中

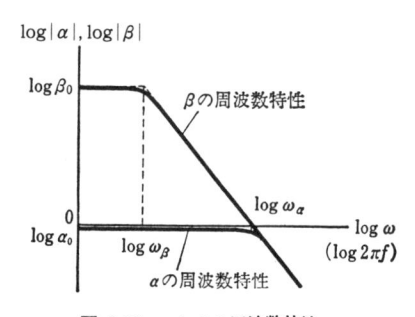

図 2.28　α と β の周波数特性

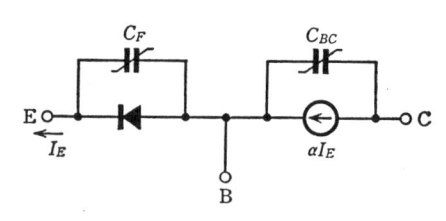

図 2.29　高周波モデル（大振幅モデル）

の電子による蓄積効果によるものである．一方C_{BC}は逆バイアスされたベース-コレクタ間の空乏層容量にあたる[†]．

図2.21に対応する微小信号用の高周波T形モデルは，上の大振幅高周波モデルをバイアス点で線形近似して得られ，図2.30のようになる．ここでC_DとC_Cは図2.29のC_F, C_{BC}を線形化した容量である．C_Dはベース中のキャリヤの拡散に関係する拡散容量であり，これに流れ込む電流はベース領域の電荷を供給するのに使われる．コレクタの電流源

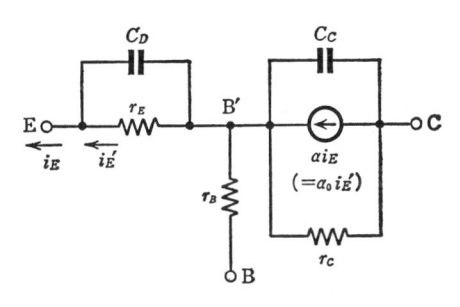

図2.30 高周波T形モデル（微小信号モデル）

αi_Eは，r_Eを流れる電流i_E'に依存する．また図2.30からわかるようにi_Eとi_E'には次式の関係が成り立ち，角周波数ωが$1/(C_D r_E)$以上になるとi_E'はi_Eに比べて小さくなる．

$$\frac{1}{j\omega C_D}(i_E - i_E') = r_E i_E' = v_{EB'}$$

すなわち，

$$i_E' = \frac{i_E}{1 + j\omega C_D r_E}$$

これからコレクタの電流源αi_Eは次のように表される．

$$\alpha i_E = \alpha_0 i_E' = \frac{\alpha_0 i_E}{1 + j\omega C_D r_E} \equiv \frac{\alpha_0}{1 + j\frac{\omega}{\omega_\alpha}} i_E$$

$1/C_D r_E$は，式（2.19）で用いたαしゃ断角周波数ω_αであり，これ以上の周波数ではαが減少し，トランジスタは増幅作用を失うことになる．

図2.30を図2.31（c）に示すような**ハイブリッドπ形モデル**（hybrid π model）に変形できる．このモデルは，図2.30の場合と異なり，制御電流源の係

[†] 図2.9参照．

（a）高周波T形モデル

（b）モデルの変形

（c）ハイブリッドπ形モデル

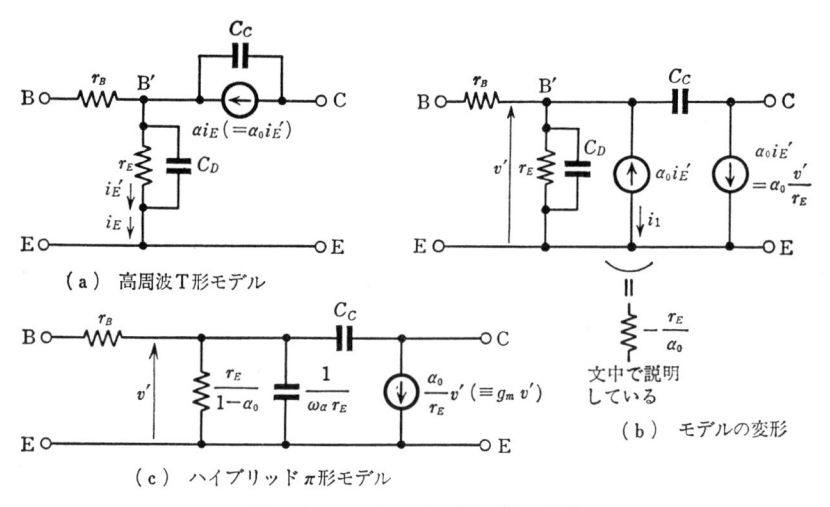

図 2.31 ハイブリッドπ形モデルの導出

数が周波数依存性を持たないため，設計に便利である．ここでv'の係数(α_0/r_E)は相互コンダクタンスg_mと呼ばれるもので，$r_E(\approx kT/qI_E)$と$\alpha_0(\approx 1)$よりg_mは次のように表される．

$$g_m \approx \frac{1}{r_E} \approx \frac{qI_E}{kT} \tag{2.21}$$

【例題 2.2】 図2.30の高周波T形モデルからハイブリッドπ形モデルを導出せよ．ただしr_Cは無視できるものとする．

解 図2.31（a）における高周波T形モデルの電流源αi_Eは同図（b）のように変更できる．

（b）で，B′-E間の電流源$\alpha_0 i_E'$の電流を$-i_1$とすると，B′-E間の電圧v'が$r_E i_E'$となることから，i_1は次のように表される．

$$i_1 = -\alpha_0 i_E' = -\frac{\alpha_0}{r_E}v'$$

すなわちこの電流源は，$-r_E/\alpha_0$の値を持つ抵抗と等価であり，（c）のようにr_Eと$-r_E/\alpha_0$の並列抵抗$r_E/(1-\alpha_0)$として考えればよいことになる．

次にC-E間の電流源$\alpha_0 i_E'$について考えると，i_E'はv'/r_Eであることから，

これは $\alpha_0/r_E \cdot v'$ と表せる.

　以上のようにして（c）のハイブリッド π 形モデルを導出できる.　　　圏

　このほか，内部をブラックボックスとして抽象化した高周波モデル（Y パラメータモデル）や，信号の反射が問題になるようなさらに高い周波数で用いられる S パラメータモデルなどがあるが，これについては，4.3.3 の高周波増幅回路の項であらためて述べることにする.

2.4　電界効果トランジスタ（FET）

2.4.1　電界効果トランジスタとは

　電界効果トランジスタは **FET**（Field Effect Transistor）とも呼ばれ，バイポーラトランジスタと同様に増幅やスイッチングの働きをする電子デバイスである．端子は**ソース**（source）(S)，**ゲート**（gate）(G)，**ドレーン**（drain）(D) で，それぞれバイポーラトランジスタのエミッタ (E)，ベース (B)，コレクタ (C) に対応する．ゲートに電圧を加えることでドレーンの電流を変化させることができる電圧制御形のトランジスタであり，ゲートの入力電流はほとんど流れないこと，すなわち高入力抵抗であることが特徴である．これに対しバイポーラトランジスタは電流を増幅する電流制御形のトランジスタといえる．

　電界効果トランジスタは大きく分けて，**MOS トランジスタ**（MOS transistor）(**MOSFET**) と**接合形 FET**（Junction FET）(**JFET**) からなる．このほか**静電誘導トランジスタ**（Static Induction Transistor）(**SIT**) と呼ばれる接合形 FET の一種も用いられている．以下ではこれらについて説明するが，MOS トランジスタは**大規模集積回路**（Large Scale Integrated circuit）(**LSI**) の構成要素として特に重要である．

2.4.2　MOS トランジスタ（MOSFET）

（1）動作原理

　MOS（Metal Oxide Semiconductor）**トランジスタ**は，図 2.32 に示すよう

な，金属-酸化物(絶縁物)-半導体からなる MOS 構造における電界効果を利用するデバイスである．半導体基板にはシリコンが用いられ，その表面に数百 Å の厚さの酸化膜（SiO_2）を形成し，その上に金属や多結晶シリコンなどを重ねる．P形のシリコン基板を用いた場合，金属側に基板に対して正の電圧を印加すると，金属からの電界により半導体の表面には電子が誘起される．図2.32（b）に示すように，これによって半導体表面に反転層が形成される．図2.33

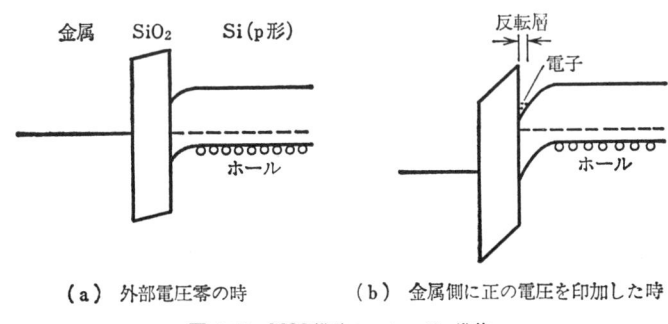

（a）外部電圧零の時　　　（b）金属側に正の電圧を印加した時

図 2.32　MOS構造のエネルギー準位

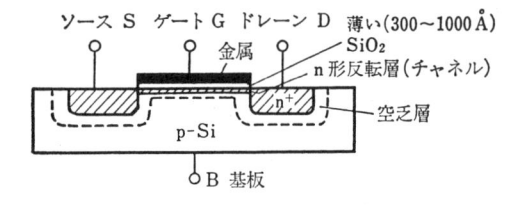

図 2.33　MOSトランジスタの構造

に示す断面構造で，n形のソース-ドレーン層を設けると，表面の反転層はソース-ドレーン間の電子の通路となり，ドレーン電流を流せることになる．この通路は**チャネル**（channel）と呼ばれる．チャネルの可動電荷量は金属側の電位，すなわちゲート電位によって制御され，この電荷はソース-ドレーン間電圧によるチャネル方向電界によって移動し，ドレーン電流となる．

図2.34を用い，MOSトランジスタのドレーン電流 I_D を表す式を求める．

2.4 電界効果トランジスタ (FET)

ソースとドレーンの間隔 L を**チャネル長** (channel length)，電流が流れる部分の幅 W を**チャネル幅** (channel width) と呼ぶ．単位面積当りのゲート絶縁膜の容量を C_{OX} とし，チャネル長の方向でソース端を原点にした位置を x と

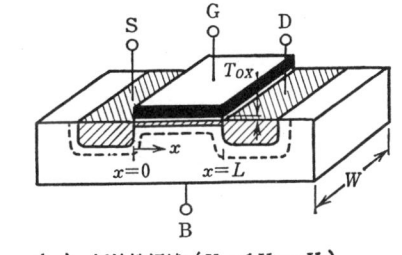

(a) 抵抗性領域 ($V_{DS} < V_{GS} - V_T$)

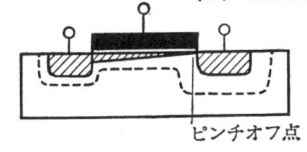

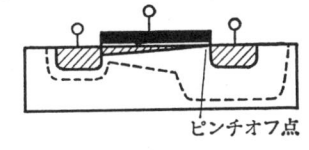

(b) ピンチオフ状態 ($V_{DS} = V_{GS} - V_T$)　　(c) 定電流領域 ($V_{DS} > V_{GS} - V_T$)

図 2.34　MOS トランジスタの動作状態 ((a)(b)(c) の各動作点を図 2.35 中に示す)

する時，ゲート電圧によってチャネルに誘起される電荷（単位幅当り）$Q(x)$ は次のような関係にある．

$$dQ(x) = -C_{OX}[V_{GS} - V_T - V(x)]dx \tag{2.22}$$

ここで，V_T は I_D が流れ始める V_{GS}（ゲート-ソース間電圧）の値で，**しきい値電圧** (threshold voltage) と呼ばれ，$V(x)$ はソースの電位に対する x の位置でのチャネルの電位を表す．

チャネル表面での電子の移動度を μ とすると，I_D は電子の面密度 $dQ(x)/dx$ と電界 $-dV(x)/dx$ および W より次式で表される．

$$I_D = -\mu W \frac{dQ(x)}{dx} \cdot \frac{dV(x)}{dx} \tag{2.23}$$

これに式 (2.22) を代入すると，I_D は次のようになる．

$$I_D = \mu C_{OX} W [V_{GS} - V_T - V(x)] \frac{dV(x)}{dx}$$

$V_{GD} > V_T$ の時は，チャネルのドレーン端でもチャネルが存在する．この場合は $V_{GD} = V_{GS} - V_{DS} > V_T$ すなわち $V_{DS} < V_{GS} - V_T$ にあたり，これは**抵抗性領域**と呼ばれる．

この抵抗性領域の特性を求めるには，次のように $V(L) = V_{DS}, V(0) = 0$ としてこれをチャネル長について積分すればよい．

$$\int_0^L I_D dx = \int_0^{V_{DS}} \mu C_{OX} W [V_{GS} - V_T - V(x)] dV(x)$$

I_D は連続で x に無関係であることから左辺は $I_D L$ となり，I_D は次のように求まる．

$$I_D = \frac{\mu C_{OX} W}{2L} [2(V_{GS} - V_T) V_{DS} - V_{DS}^2] \qquad (2.24)$$

I_D は $V_{DS} = V_{GS} - V_T$ の時に最大値となり，これを**ピンチオフ状態**と呼ぶ．これ以上にかけた V_{DS} はドレーン端に空乏層を作り，チャネルの端（ピンチオフ点と呼ぶ）まできた電子を電界でドレーンへ集める働きをするようになる．このため $V_{DS} \geq V_{GS} - V_T$ では，I_D は式 (2.24) に $V_{DS} = V_{GS} - V_T$ を代入した次の式で表されて V_{DS} では変わらず，**定電流領域** (constant current region) と呼ばれる．

$$I_D = \frac{\mu C_{OX} W}{2L} (V_{GS} - V_T)^2 \qquad (2.25)$$

ゲート絶縁膜の厚さを t_{OX} とし，酸化膜の誘電率を ε_{OX} とすると $C_{OX} = \varepsilon_{OX}/t_{OX}$ となる．上の I_D の式の係数は次の**ゲイン定数** (gain constant) β で置き換えることができる．

$$\beta \equiv \frac{W}{L} \mu C_{OX} = \frac{\mu \varepsilon_{OX} W}{t_{OX} L} \qquad (2.26)$$

この β を用いて I_D の式をあらためて書き直すと，次のようにまとめることができる．

抵抗性領域 $(0 < V_{DS} < V_{GS} - V_T)$

$$I_D = \frac{\beta}{2} [2(V_{GS} - V_T) V_{DS} - V_{DS}^2]$$

定電流領域 $(V_{GS} - V_T \leq V_{DS})$

2.4 電界効果トランジスタ (FET)

$$I_D = \frac{\beta}{2}(V_{GS} - V_T)^2$$

しゃ断領域 $(V_{GS} < V_T)$

$$I_D = 0$$

(2.27)

図 2.35 にはこのような MOS トランジスタの静特性を示した. 同図の左側は V_{DS} を一定にした時の V_{GS} と I_D の関係で相互特性または伝達特性と呼ばれる. また右側はいくつかの V_{GS} の一定電圧に対する V_{DS} と I_D の関係 (出力特性) である. バイポーラトランジスタの静特性は図 2.24 のように 4 象限になるのに対し, MOS トランジスタでは I_G が 0 なので 2 象限ですみ, 特性を表現する式も, MOS トランジスタでは式 (2.27) のように, I_D だけの式ですむ.

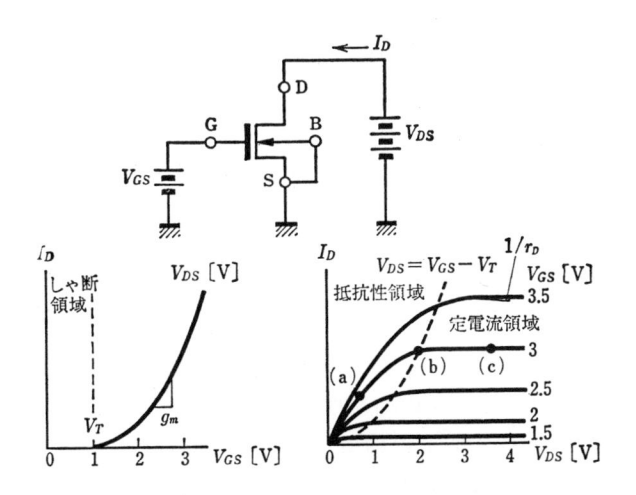

図 2.35 MOS トランジスタの電圧-電流特性 ((a)(b)(c) 点での動作状態を図 2.34 に示す.)

なお図 2.33 のように, MOS トランジスタでは, ドレーン, ゲート, ソース以外に基板 (B) の端子がある. 特性は基板-ソース間電圧 (V_{BS}) に影響されるが, 図 2.35 には基板とソースを短絡した特性を示した.

基板がソースに対し負の電圧になると V_T は増大し, これを**基板バイアス効**

表 2.3 MOSトランジスタの種類

キャリヤ	基板	ソース ドレーン	形	相互特性 (I_D-V_G)	静特性 (I_D-V_D)	回路記号
nMOS 電子	p形	n$^+$	エンハンスメント形 (ノーマリーオフ)			
			デプリーション形 (ノーマリーオン)			
pMOS 正孔	n形	p$^+$	エンハンスメント形 (ノーマリーオフ)			
			デプリーション形 (ノーマリーオン)			

果 (backgate bias effect) と呼ぶ.

また，定電流領域でも，I_D は V_{DS} である程度増大する．これは式 (2.27) に $(1+\lambda V_{DS})$ をかけることで表現できる．この係数 λ は**チャネル長変調係数** (channel length modulation parameter) と呼ぶ．

MOSトランジスタには，上の例のようにp形基板を用いたnチャネルMOSトランジスタ (nMOS) のほかに，n形基板を用いたpチャネルMOSトランジスタ (pMOS) がある．また V_T が正か負かによって，V_{GS} が0でも I_D が流れる**デプリーション形** (depletion type) と，流れない**エンハンスメント形** (enhancement type) があり，これらの関係を表2.3に示した．表には各MOSトランジスタの回路記号についても記してあるが，ICなどで同一基板上にトランジスタが作られる時は基板の端子を省略することが多く，このような場合には右側の記号を用いてnMOSとpMOSを区別する．

2.4 電界効果トランジスタ (FET)

MOSトランジスタは，高密度化ができ，低電力動作に適するため，主にディジタル用の大規模集積回路（LSI）に使用されるが，このほかゲートが絶縁膜上にあり極端に入力抵抗が大きいため，この特質を生かした用途にも使用される．ただし，2.4.3で述べる接合形FETに比べると若干雑音が大きい．

（2）モデル

MOSトランジスタのモデルはバイポーラトランジスタの場合と比較して単純であり，図2.36のように表すことができる．なおこれは，基板をソースに

（a）大振幅モデル（I_Dは式(2.27)）

（b）微小信号モデル

（c）高周波微小信号モデル

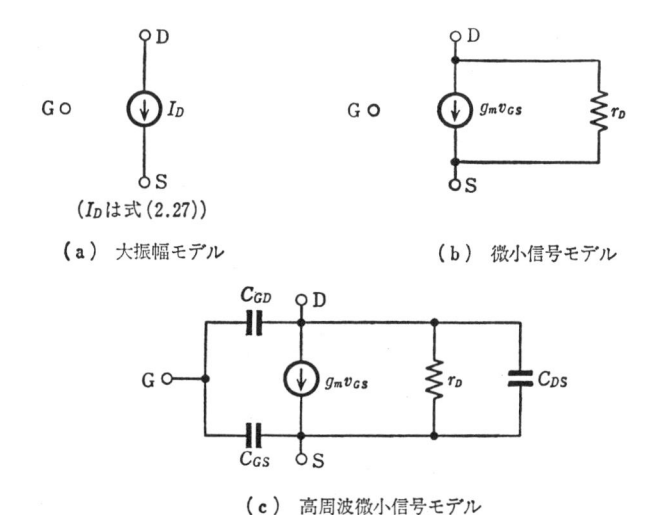

図2.36 MOSトランジスタや接合形FETのモデル（基板端子は省略）

接続して$V_{BS}=0$とした場合であるが，基板端子を別に考えたモデルを使用することもある．（a）は大振幅信号に使えるモデルで，I_Dは式（2.27）の関係で決まる．（b）はこれを線形化した微小信号モデルである．これの**ドレーン抵抗**（drain resistance）$r_D(\equiv dV_{DS}/dI_D|_{V_{GS}-\text{定}})$は，チャネル長変調効果で，$I_D$が$V_{DS}$により変化する効果に由来するものであるが，一般に大きな値になる．図の定電流源の値は，**相互コンダクタンス**（transconductance）g_m[†]を用

[†] 図2.35の静特性上でg_mやr_Dの意味を示した．

いて $g_m v_{GS}$ と表せる.

定電流領域においては,g_m は,次のように表され I_D とともに増大する.

$$g_m \equiv \frac{dI_D}{dV_{GS}}\bigg|_{V_{DS}-\text{定}} = \beta(V_{GS}-V_T)$$
$$= \sqrt{2\beta I_D} \qquad (2.28)$$

なお,$g_m r_D$ を μ とすると,μ は $dV_{DS}/dV_{GS}|_{I_D-\text{定}}$ に相当し,これは**増幅率** (amplification factor) と呼ばれる.

図 2.36（c）には,各端子間の静電容量を考慮した FET の高周波微小信号モデルを示すが,このほかに高周波大振幅モデルを考えることもできる.

2.4.3 接合形 FET (JFET)

接合形 FET は **JFET** (Junction FET) とも呼ばれ,図 2.37 がその構造である.ソース-ドレーン間のチャネルに pn 接合を形成してゲートとしてある.この pn 接合の逆方向バイアス電圧を大きくしていくと空乏層が拡がってチャネルがなくなり,ドレーン電流 I_D が流れなくなる.図のように基板端子（B）もあり,この電圧によっても I_D は変化するが,これはソースまたはゲートと接続して用いるのが普通である.

図 2.38 には接合形 FET の記号を示した.図 2.37 の構造で p 層と n 層を入れ換えた p チャネルの JFET もあり,電圧や電流の極性は n チャネルとは逆になる.

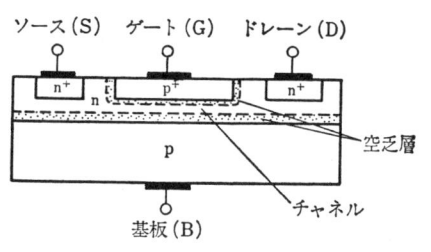

図 2.37 接合形 FET の構造

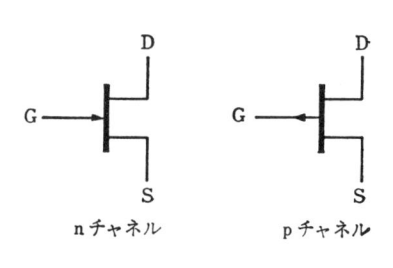

図 2.38 接合形 FET の記号

2.4 電界効果トランジスタ (FET)

図2.39は，nチャネルJFETの動作である．ドレーン電圧V_{DS}を大きくしていくと，ドレーン近傍で空乏層が拡がり，MOSFETの場合と同様にピンチオフ状態となって，I_DはV_{DS}にかかわらず一定となる．

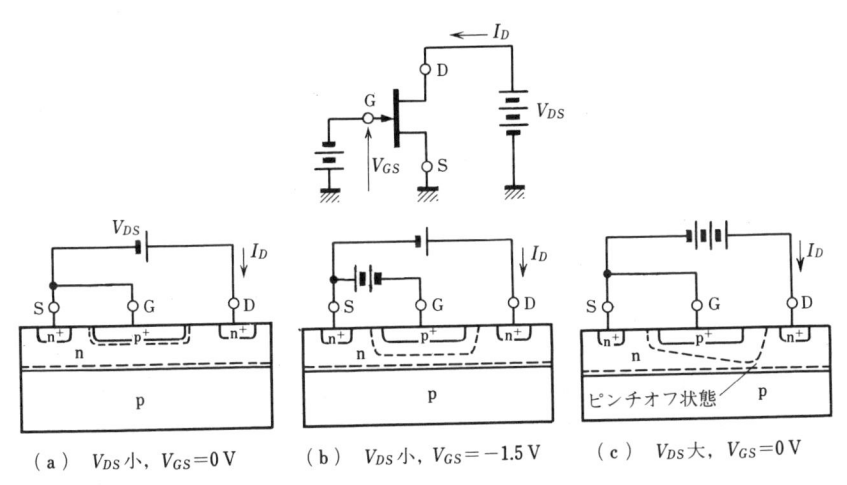

(a) V_{DS}小, $V_{GS}=0\,\text{V}$　　(b) V_{DS}小, $V_{GS}=-1.5\,\text{V}$　　(c) V_{DS}大, $V_{GS}=0\,\text{V}$

図2.39　接合形FETの動作 ((a)(b)(c)の各動作点を図2.40中に示す)

接合形FETの静特性は図2.40のようになる．MOSFETと同様に抵抗性領域や定電流領域，およびしゃ断領域を持つが，ゲートのpn接合は逆方向バイアス ($V_{GS}<0$) でのみ使用され，V_{GS}が0の時でもI_Dが流れるデプリーショ

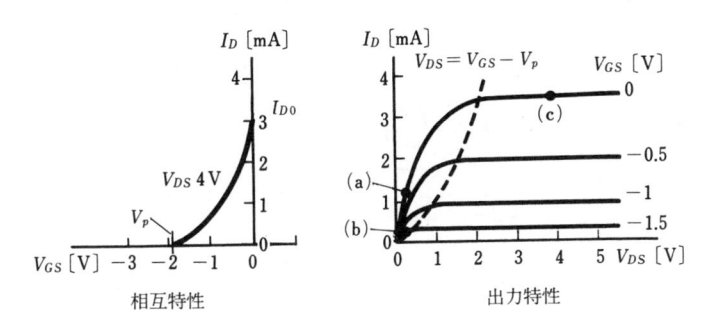

相互特性　　　出力特性

図2.40　接合形FETの静特性 ((a)(b)(c)点での動作状態を図2.39に示す)

† 参考文献 (2) p.52を参照 (p.40の脚注)

ン形となる．定電流領域では，I_D は V_{GS} で定まる一定値となり次式で表される†（脚注は p.39）．

$$I_D = I_{D0}\left(1 - \frac{V_{GS}}{V_p}\right)^2 \qquad (2.29)$$

ここで I_{D0} はピンチオフ電流と呼ばれる．V_p は**ピンチオフ電圧**（pinch off voltage）と呼ばれ，上下の空乏層が接触したピンチオフ状態のときに接合にかかる電圧であり，$V_{GS} \leq V_p$ のときは上下の空乏層が接触して電流は流れない．また等価回路も，図 2.38 に示した MOSFET の等価回路と同様である．

接合形 FET では，ゲート電流は pn 接合の飽和電流になり高入力抵抗であり，また低雑音にできるため，高入力抵抗の低雑音増幅器における初段回路などに使用される．

接合形 FET の一種に**静電誘導トランジスタ**または **SIT**（Static Induction Transistor）と呼ばれるものがある．図 2.41 にその構造と内部の電位分布図を示してある．ソース前面に鞍部状の電位障壁を作り，その電位障壁の高さを変えることによって，それを越えるキャリヤの量を変え，ドレーン電流の変化を生じさせる．この障壁の電位を $V_{G'S}$ とすると，I_D は次のように障壁電位 $V_{G'S}$ に対し指数関数で変化する．

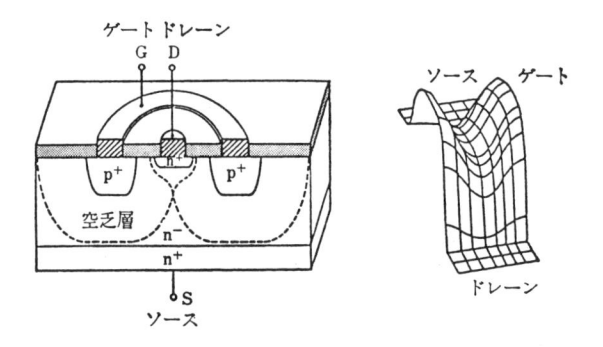

図 2.41 静電誘導トランジスタ（SIT）の構造（左）とその電位分布（右）

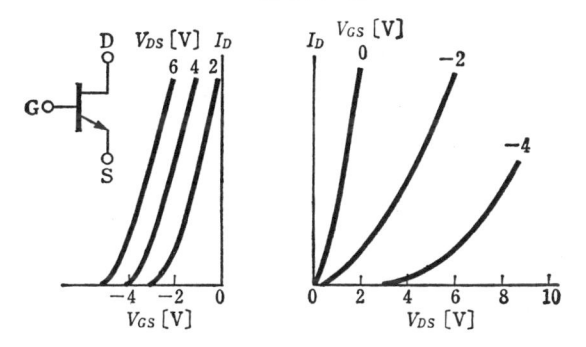

図 2.42 静電誘導トランジスタの静特性

$$I_D = I_0 \exp\left(-\frac{q}{kT}V_{G'S}\right) \tag{2.30}$$

鞍部における障壁電位 $V_{G'S}$ は V_{GS} と V_{DS} の両方に影響される。$V_{G'S}$ に対する，V_{GS} と V_{DS} による寄与率をそれぞれ η，η/μ とすると，$V_{G'S}$ および I_D は次のようになる．

$$V_{G'S} = \eta V_{GS} - \frac{\eta}{\mu}V_{DS}$$

$$I_D = I_0 \exp\left[-\frac{q}{kT}\eta\left(V_{GS} - \frac{V_{DS}}{\mu}\right)\right] \tag{2.31}$$

ここで μ は，I_D が一定である時の V_{DS} と V_{GS} の比であり，**電圧増幅率** (amplification factor) と呼ばれる．

図 2.42 には SIT の電圧-電流特性を示してある．出力特性は定電流特性ではなく，I_D は，ドレーン電圧とともに増大する．このような特性を3極管特性と呼ぶが，I_D はゲート電圧に対して指数関数的に変化することになるため，大きな電流駆動能力を持つ．

2.5 集積回路

集積回路すなわち **IC** (Integrated Circuit) は，単一の基板上に多数の構成部品からなる回路を形成したものである．基板にはシリコンの単結晶が主に用

いられ，高密度化したものは**大規模集積回路**，あるいは **LSI** (Large Scale Integrated circuit) と呼ぶ．数インチのシリコンウェハ上に多数の IC が同時に作られ，個々に分割しパッケージに組み込まれて用いられる．

用途の違いでアナログ用とディジタル用に分けられ，また構成するトランジスタの違いでバイポーラ集積回路と MOS 集積回路がある．

集積回路には次のようなすぐれた特徴がある．

① 小形，高機能←─高密度にできる．
② 高　　　速←─構成要素間の距離が小さいため，信号伝搬時間が短い．
③ 高 信 頼 性←─構成要素間の結線の不良が少なく，信頼性が高い．
④ 低　電　力←─配線容量が小さいため，充電電流が少なくてすむ．
⑤ 低　価　格←─一括で製作されるため，回路を組み立てる必要がない．

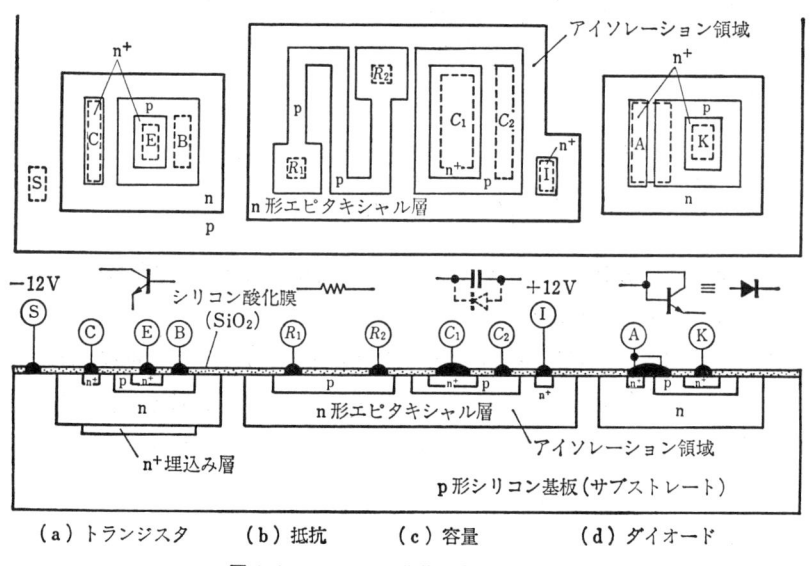

(a) トランジスタ　　(b) 抵抗　　(c) 容量　　(d) ダイオード

図 2.43　バイポーラ集積回路の構成要素

図 2.43 にはバイポーラ集積回路に用いられる構成要素を示してある．なお同図のように，各要素は逆方向バイアスされた pn 接合によって電気的に分離する必要がある．トランジスタやダイオード以外の構成要素には，拡散層を利

2.5 集積回路

用した抵抗や，逆方向バイアスしたpn接合の空乏層容量を利用したコンデンサがある．図2.44には，このようなバイポーラ集積回路の製造工程を示した．

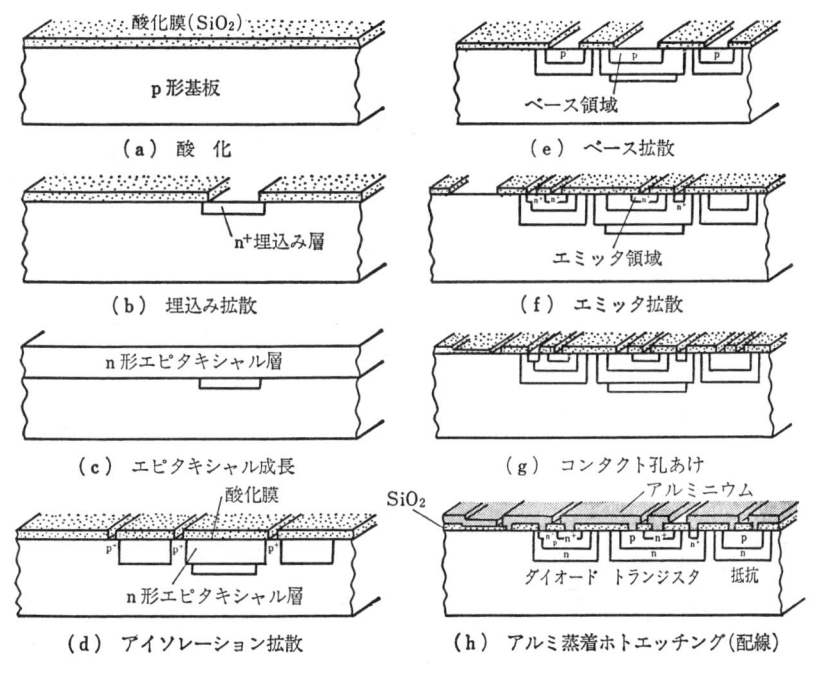

図 2.44 バイポーラ集積回路の製造工程

(a) 酸化
(b) 埋込み拡散
(c) エピタキシャル成長
(d) アイソレーション拡散
(e) ベース拡散
(f) エミッタ拡散
(g) コンタクト孔あけ
(h) アルミ蒸着ホトエッチング（配線）

MOS集積回路は，特にメモリやマイクロプロセッサなどのディジタル用LSIに用いられることが多い．バイポーラ集積回路と異なり，pn接合による分離は不要なため高密度化に適する．一般に，抵抗をMOSトランジスタで代用し，トランジスタと配線のみで回路を構成することが行われる．

集積回路は多くのすぐれた特徴を持つが，個別素子で構成する場合と異なり，構成要素などには制約がある．このため以下のような点を考慮して，集積回路の回路設計が行われる．

(i) 抵抗，コンデンサをIC内で実現するには大きな面積を必要とするため，大きな抵抗や大きな容量は使用できない．このためトランジスタ

の定電流領域の特性を利用し，高抵抗の働きをさせることなどが行われる．
(ⅱ) コンデンサはpn接合の空乏層容量を利用するものと，薄い酸化膜によるMOS容量を利用するものがある．前者は容量値が直流電圧で変化する．
(ⅲ) コイルを用いることはできない．
(ⅳ) 抵抗値などの精度（絶対精度）が低く，抵抗値の温度係数が大きい．
(ⅴ) 一つの集積回路内では，トランジスタ，抵抗，コンデンサとも，特性や値のよく合ったものが使用できる．すなわち相対精度がよい．このため，対称性を有効に利用したり，電圧などを正確に比例分割するような場合には有利になる．

演習問題

[1] バイポーラトランジスタの構造を示し，その動作原理を説明せよ．
[2] バイポーラトランジスタのベース幅は，その特性とどのような関係にあるか述べよ．
[3] バイポーラトランジスタと電界効果トランジスタの特性を比較し，両者の相互コンダクタンス g_m のコレクタ（ドレーン）電流依存性について述べよ．
[4] 集積回路の特徴，およびそれの回路設計上の制約について述べよ．
[5] MOS集積回路の製作工程の例を示せ．

3 電子回路の基礎

3.1 回路解析の手法

電子回路では一般に非線形回路が対象となるので，以下では非線形回路の解析法について説明する．なお1章でも述べたように，微小信号に着目して，線形化した場合は線形回路として扱うことができる．

非線形回路の解析法には，大きく分けて次の3種類がある．
① 特性曲線上での図式解法
② 数式を用いて計算する方法
③ 計算機を用いた数値解析（**回路シミュレーション**†(circuit simulation)）

このうち②の方法の場合は，特性曲線が必ずしも常に簡明な数式で近似表現できると限らないので，適用できない場合もある．

また③の計算機を用いる方法は，特性曲線をいくつかの有限個の点で表して数値計算するので，いわば表や折線近似によって特性を表現していることにあたる．この回路シミュレーションは，特に集積回路の設計などに不可欠なものである．

はじめに，①の図式解法について説明する．図3.1はダイオードと抵抗の直列回路に直流電圧 E を印加した場合である．この時の電流 I_X を求めるには，同図の右のような作図を行う．この考え方は，ダイオードと抵抗に同じ電流 I_X が流れた時，それらの電圧降下をそれぞれ V_D, V_R とすると，V_D と V_R の合計

---

† II巻11章で説明する

が印加した電圧 E に等しいとするものである．右の図で抵抗 R は電圧源 E の右側に接続されているので，その点を起点に電圧降下が生じると考え，傾き $\tan^{-1} 1/R$ の左上りの直線（負荷直線）で抵抗の特性を表す．この直線とダイオードの特性曲線の交点から，求める電流 I_X や電圧 V_D, V_R を知ることができる．

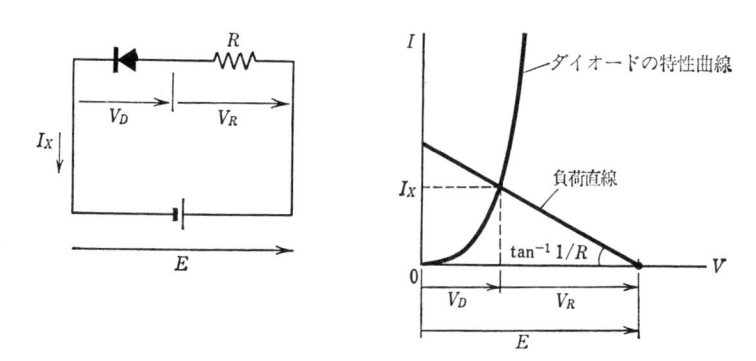

図 3.1 非線形回路の解析

なお，R の代わりに非線形特性を持つ素子を使用する場合は，曲線となるので，一般的には **負荷曲線** (load line) と呼ばれる．

次に，②の数式を用いて計算する方法について，図 3.1 の例で説明する．これは，2.2.1 で述べる回路方程式を解いて電圧や電流を求めるものである．ダイオードの特性は式 (2.1) の理想ダイオードの式として数式で表現できる．このため，図の回路では次の回路方程式が成立する．

$$I_X = I_0(e^{\frac{qV_D}{kT}} - 1)$$
$$E = V_D + I_X R$$

これらの式から V_D を消去した次の方程式を解いて I_X を求めることができる．

$$I_X = I_0 \left[e^{\frac{q(E - I_X R)}{kT}} - 1 \right]$$

【例題 3.1】 図 3.2（a）のバイポーラトランジスタによる増幅回路で，動作点でのコレクタ電流 I_{C1}，およびコレクタ電圧 V_{CE1} を求めよ．

3.1 回路解析の手法

解1 図式解法

図3.2 (b) のトランジスタの出力特性上で，ベース電流を I_{B1} とした特性曲線を取り上げる．また負荷抵抗 R_L による負荷直線を図のように描き，これらの交点から I_{C1}，V_{CE1} が求まる．

(a) バイポーラトランジスタによる増幅回路
(b) 図式解法

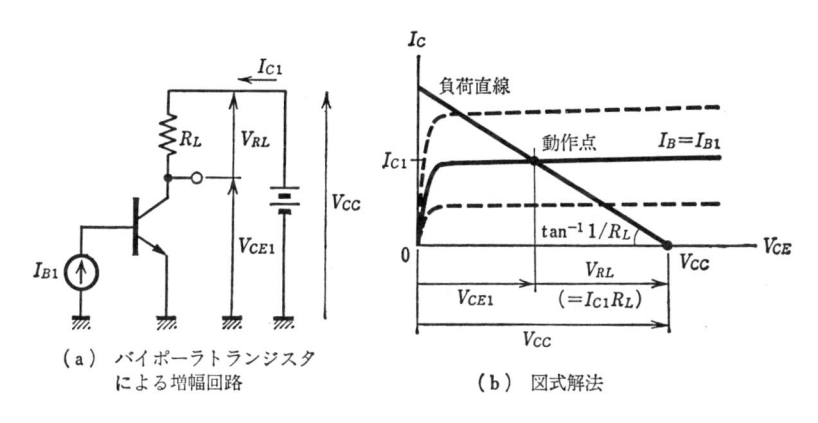

図 3.2 バイポーラトランジスタの増幅回路と出力特性

解2 数式で計算する方法

トランジスタのコレクタ電流 I_{C1} は，電流増幅率を β とすると以下の式のように表される．またその下のような回路方程式を作ることができる．

$$I_{C1} = \beta I_{B1}$$
$$V_{CC} = V_{CE1} + I_{C1}R_L$$

これから I_{C1} を消去し，次のように V_{CE1} が求まる．

$$V_{CE1} = V_{CC} - \beta I_{B1} R_L \qquad \blacksquare$$

【例題 3.2】 図3.3 (a) のような JFET を用いた増幅回路†における動作点での，ドレーン電流 I_{D1} とソース電圧 V_S を求めよ．電源電圧 V_{DD} は十分大で，JFET は定電流領域にあるとする．

解1 図式解法

図3.3 (b) は JFET の定電流領域での相互特性である．$V_{GS} = V_G - I_D R_S$

---

† ソースホロア回路と呼び4.2節であらためて説明する．

となるため同図のように，$V_{GS}=V_G$ の点から R_S に相当する傾きで負荷直線を引くと，JFET の特性曲線との交点から I_{D1} やその時の V_{GS} の値が得られる．ソース電圧 V_S は $I_{D1}R_S(=V_G-V_{GS})$ であり，(b) の図から求まる．

（a） JFET ソースホロア回路

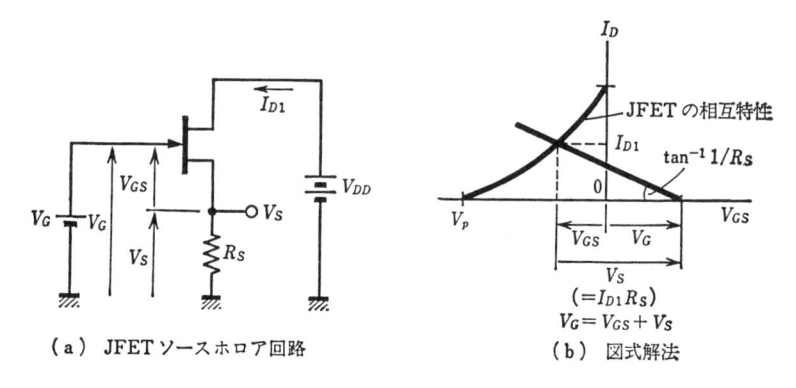

（b） 図式解法

図 3.3 JFET の増幅回路と相互特性

解2 数式による解法

JFET の定電流領域における電圧と電流の関係は，式 (2.29) のとおりで次のようになり，図 3.3(a) についての回路方程式を作ることができる．

$$I_{D1}=I_{D0}\left(1-\frac{V_{GS}}{V_p}\right)^2$$

$$V_G=V_{GS}+V_S=V_{GS}+I_{D1}R_S$$

これから V_{GS} を消去すると，I_{D1} が次の方程式を解いて求まることになり，さらに V_S は $I_{D1}R_S$ として得られる．

$$I_{D1}=I_{D0}\left(1-\frac{V_G-I_{D1}R_S}{V_p}\right)^2$$

終

次に図 3.4 (a) のように，直流電圧を与えて動作点を決め，これに小振幅の電圧や電流を印加した場合の微小信号動作について考える．例では，微小信号 e として交流電圧 $E_m\sin\omega t$ を与えている．この時の動作点，および微小信号

e による負荷直線変化の様子を図にしたものが (b) である.

図1.2で説明したように, 動作点で特性曲線の一部を直線近似し, ダイオードの動作点での微分抵抗 r を用いて, (c) のような微小信号に対する等価回路を作成できる. この場合には, 微小信号であるので, i, v, r などの小文字を使用している. これは動作点を中心にした (d) の図で, 電圧-電流の関係を考えることに相当する. この線形化によって, 後に述べる重ね合せの理や鳳-テブナンの定理などが適用できることになるため, 解析が容易になる.

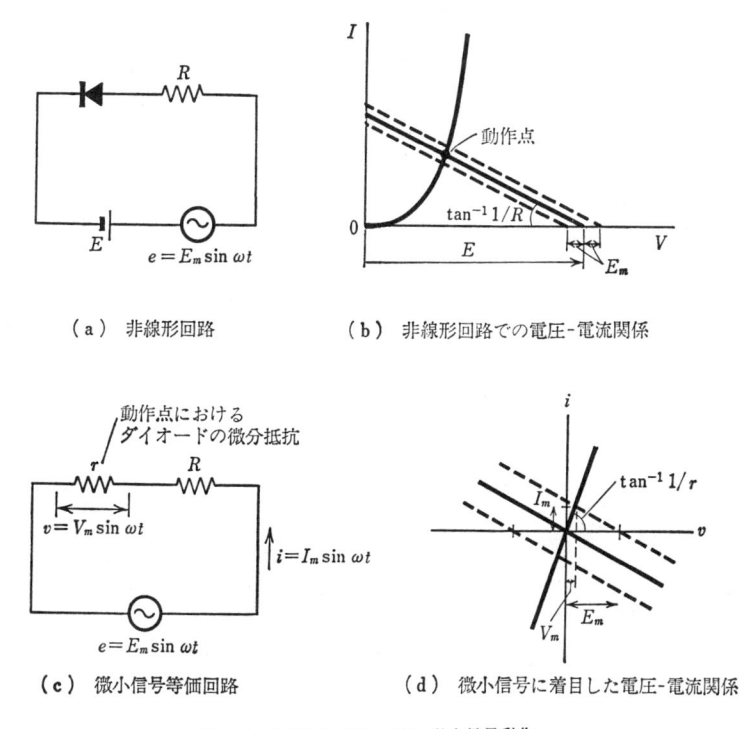

(a) 非線形回路

(b) 非線形回路での電圧-電流関係

(c) 微小信号等価回路

(d) 微小信号に着目した電圧-電流関係

図 3.4 非線形回路における微小信号動作

3.2 回路解析の基礎

3.2.1 キルヒホッフの法則と回路方程式

　数学的に回路の電圧や電流を求めるには，次のようなキルヒホッフの法則に基づいて，回路方程式を作成する．**キルヒホッフの法則**（Kirchhoff's law）は**電流則**，**電圧則**の二つの法則からなり，線形回路，非線形回路を問わず適用できる．

　電流則は，図 3.5（a）で $\sum_i I_{Ai}=0$ となること，すなわち任意の接続点で流入（または流出）する電流の代数的総和が 0 であること，別の表現では流入する電流の総和は流出する電流の総和に等しいことである．

　電圧則は，図 3.5（b）で $\sum_i V_i=0$ となること，すなわち任意の閉路に沿った各枝の電位差の代数的総和は 0 であることである．

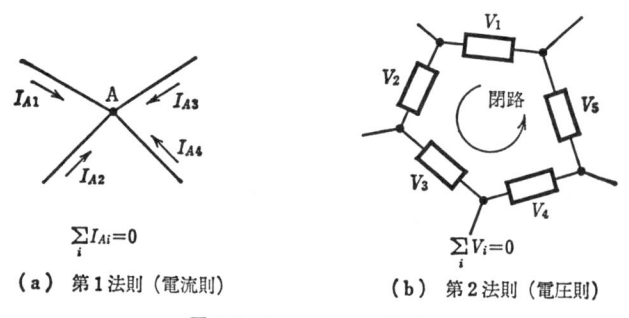

(a) 第1法則（電流則）　　(b) 第2法則（電圧則）

図 3.5　キルヒホッフの法則

　回路方程式を作成するには二つの方法がある．一つは電流則で定式化する**節点解析法**（nodal analysis），他は電圧則による**閉路解析法**（closed loop analysis）である．これらに電圧源や電流源の式などを組み合わせ，未知数の数だけの回路方程式を作成する．回路方程式は連立方程式となり，行列演算によってそれぞれの電圧や電流を求める．なお非線形回路の場合は非線形連立方程式となり，さらにコンデンサやコイルを含む回路では，微分方程式（非線形連立微

分方程式）となる．このため複雑な回路方程式は計算機を用いて解くことになり，これについてはあらためて回路シミュレーションの項で説明する†．

図3.6に示した線形回路の例で回路解析に関して説明する．各節点の電圧 (e_A, e_B, e_C) および電流 (i_2, i_S) の五つの未知数を求める．なお図3.6中のJは，図2.21などでも用いた電流制御電流源である．

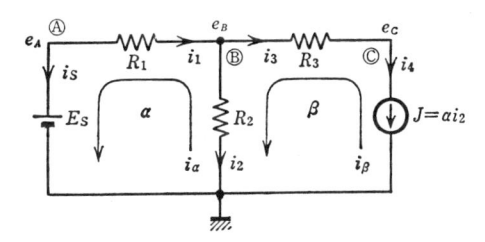

図 3.6 回路解析の例

はじめに節点解析法について述べる．図の節点Ⓐ Ⓑ Ⓒに対し，それぞれ電流則を適用すると次の3式になる．

Ⓐ $\quad i_1 + i_S = 0$

Ⓑ $\quad -i_1 + i_2 + i_3 = 0$

Ⓒ $\quad -i_3 + i_4 = 0$

ここで i_1, i_3, i_4 を節点電圧 e_A, e_B, e_C で表すと次のようになる．

$$\frac{1}{R_1}(e_A - e_B) + i_S = 0$$

$$-\frac{1}{R_1}(e_A - e_B) + i_2 + \frac{1}{R_3}(e_B - e_C) = 0$$

$$-\frac{1}{R_3}(e_B - e_C) + i_4 = 0$$

独立電圧源 E_S や電流依存素子 J がある時は，それらに関する次の式を追加する必要がある．

$$e_A = E_S$$

$$i_4 = \alpha i_2 = \alpha \frac{e_B}{R_2}$$

---

† Ⅱ巻の11章で述べる．

以上の5式を連立方程式として解けば，e_A, e_B, e_C, i_2, i_S の5個の未知数が求まる．

次に閉路解析法について説明する．これは閉路ごとに電圧則を適用するもので，図3.6で閉路 α と β を考えると次式になる．

(α) $e_B + (e_A - e_B) + (-e_A) = 0$
(β) $e_C + (e_B - e_C) + (-e_B) = 0$

両閉路に環流電流を仮定し，これを i_α, i_β とすると，上式のうち閉路 α の式は次のようになる．

$$R_2(i_\beta - i_\alpha) - R_1 i_\alpha - E_S = 0$$

しかし，閉路 β の式は，電流源 J のため電位 e_C が求まらず，この場合は使用できない．代わりに i_α と i_β の関係を求めると，これは $J = \alpha i_2$ の関係から次のように得られる．

$$-i_\beta = \alpha(i_\beta - i_\alpha)$$

上の2式から i_α と i_β が求まる．$i_S = i_\alpha$, $i_2 = i_\beta - i_\alpha$ であり，e_A, e_B, e_C はこれから計算できる．

3.2.2 重ね合せの理

線形回路では電圧と電流が比例することから次の**重ね合せの理**（principle of superposition）が成り立つ．

多数の電源を含む回路の各部の電圧，電流は，電源が1個ずつ単独に存在すると仮定して求めた電圧や電流の総和に等しい．

これを用いると図3.7の例で電流 I_X は，電圧源 E_2 が存在しないとしてこの部分を短絡した時の電流 I_1 と，電流源 I_S が存在しないとしてこの部分を

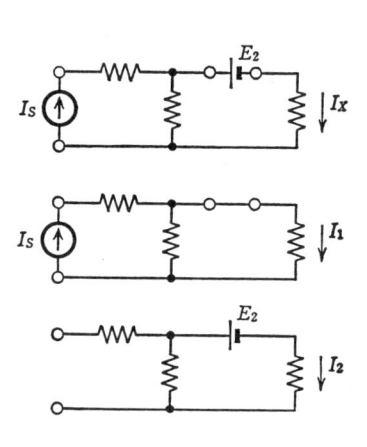

図 3.7 重ね合せの理 ($I_X = I_1 + I_2$)

3.2 回路解析の基礎

開放にした時の電流 I_2 の和として求めることができる.

【例題 3.3】 図3.8①のように C と R の回路に,時間幅 τ のパルス電圧を加えた時の,抵抗 R の端子間電圧 v_R を求めよ.

解 ①のパルス電圧源 e_0 は,②のように二つのステップ電圧源 e_1 と e_2 に分けて考えることができる.③や④のようにそれぞれ e_1 と e_2 に対する抵抗 R の端子間電圧 v_R' と v_R'' を求める.重ね合せの理を用いると,v_R は①の右のように $v_R' + v_R''$ として得られる. 図

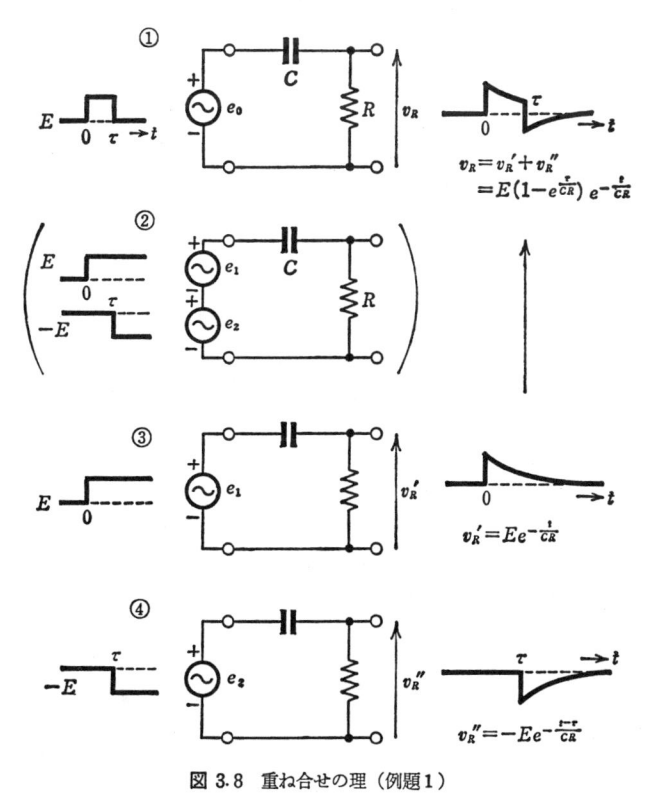

①
$$v_R = v_R' + v_R''$$
$$= E(1-e^{\frac{\tau}{CR}})e^{-\frac{t}{CR}}$$

③
$$v_R' = Ee^{-\frac{t}{CR}}$$

④
$$v_R'' = -Ee^{-\frac{t-\tau}{CR}}$$

図 3.8 重ね合せの理(例題1)

3.2.3 電圧源と電流源

電圧源(voltage source)とはその端子間電圧が負荷の大きさに関係しないも

の，**電流源**（current source）とは端子を流れる電流が負荷の大きさに関係しないものをいう．

図3.9には電圧源の記号と電流源の記号を，また直流の電圧源と電流源の場合で，それぞれの電圧-電流特性を示してある．なお電池の記号は直流電圧源を意味する．

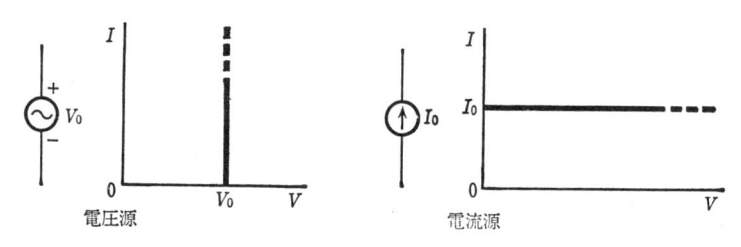

図 3.9 電圧源と電流源

これに対して一般の電源（信号源）では，上のような理想的な電圧源や電流源とは異なり，負荷によって電圧や電流が変動しうる．端子間電圧と端子間電流の関係が図3.10（a）のような関係にある電源は，（b）のように電圧源と直列

（a）電源の端子間電圧と電流の関係

$I_0 = \dfrac{V_0}{R_S}$

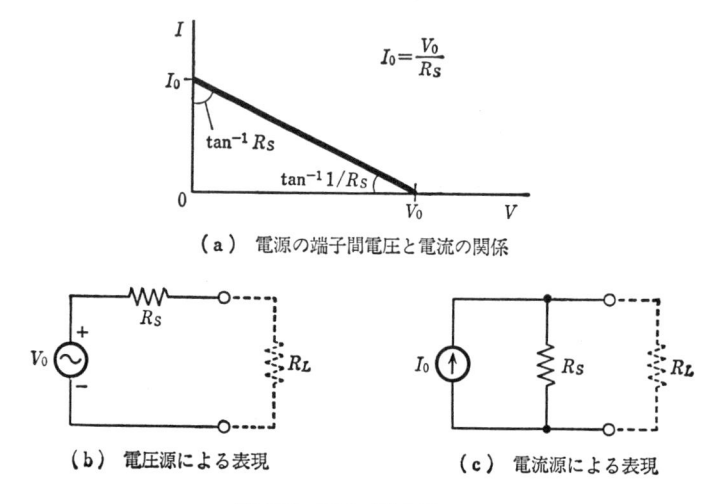

（b）電圧源による表現　　　（c）電流源による表現

図 3.10 電源の等価回路

3.2 回路解析の基礎

抵抗，または（c）のように電流源と並列抵抗の等価回路として表すことができる．この場合の抵抗R_Sを**内部抵抗**（internal resistance）と呼ぶ．なお図3.10(a)の特性は直流電源のものであるが，微小信号の電源の場合も微分抵抗を用いて同様の等価回路で表される．

一般には負荷抵抗R_Lに対するR_Sの大きさによって，$R_L \gg R_S$の場合は電圧源として，また$R_L \ll R_S$の場合は電流源として近似できる．理想に近い電圧源では，端子間を短絡すると大きな電流が流れて破壊することになるので，短絡してはいけない．逆に，理想に近い電流源では，端子を開放にすると大きな端子間電圧を発生して破壊することになるので，開放にはできない．

能動回路ではトランジスタの等価回路で用いたような**制御電源**（controlled source）が用いられる．これは電圧や電流の値が，別の端子の電圧や電流で制御されるもので，図3.11のような4種類の組合せがある．制御電源が使われる能動回路では信号の伝送が一方向となる．これに対して受動回路では制御電源がないため双方向性である．

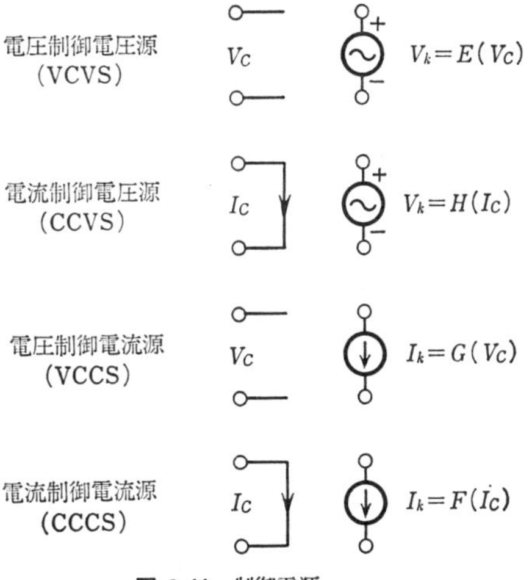

電圧制御電圧源（VCVS）　V_C　$V_k = E(V_C)$

電流制御電圧源（CCVS）　I_C　$V_k = H(I_C)$

電圧制御電流源（VCCS）　V_C　$I_k = G(V_C)$

電流制御電流源（CCCS）　I_C　$I_k = F(I_C)$

図 3.11 制御電源

3.2.4 有能電力と整合

電源から最大の電力を取り出すことを考える．図3.10の場合，負荷抵抗R_Lで消費される電力Pは次のようになる．

$$P = I^2 R_L = \left(\frac{V_0}{R_S + R_L}\right)^2 R_L$$

この式で$dP/dR_L = 0$となるR_Lを求めると$R_L = R_S$となり，この時Pは次のような最大値$P_{\max}$となる．

$$P_{\max}=\frac{V_0^2}{4R_S} \qquad (3.1)$$

この最大利用電力 $P_{\max}$ は**有能電力** (available power) と呼ばれ，このような条件にすることを**整合** (matching) と呼ぶ．

交流信号の場合は，図3.12のような整合トランスを用いてその巻数比を変えれば，任意の負荷抵抗に対して整合させることができる．

また図3.13 (a) のように内部インピーダンス Z_S を持つ信号源に対しては，負荷インピーダンス Z_L が Z_S と共役のインピーダンスを持つ場合（図の例では $R_L=r_S$，$1/\omega C=\omega L$ の場合）に最大の電力を取り出すことができ，これを**共役整合** (conjugate matching) と呼ぶ．図3.13では電流 i は次のようになる．

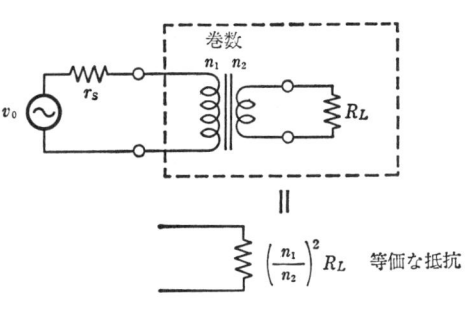

図 3.12 整合トランス

$$i=\frac{v_0}{r_S+\dfrac{1}{j\omega C}+R_L+j\omega L}$$

(a)

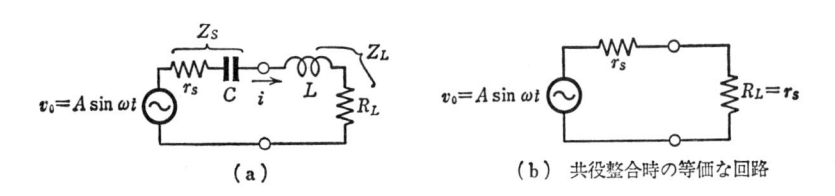

(b) 共役整合時の等価な回路

図 3.13 共役整合

$\omega L=1/\omega C$ の時は，次のようにインピーダンスの虚数部が零となり，これは直列共振の状態に相当する．さらに $R_L=r_S$ の時に実数部が整合条件となり，最大の電力が取り出される．

$$i=\frac{v_0}{r_S+R_L}$$

3.2.5 鳳-テブナンの定理とノートンの定理

信号源を含む線形回路の2端子間に，あるインピーダンスを接続した時に，それに流れる電流（または端子間電圧）を求める方法について説明する．

例として図3.14（a）の回路を考え，破線内の回路の端子1-1'に抵抗R_Lを接続した時に流れる電流i_Lを求める．3.2.1で説明したような回路方程式を作り，連立方程式を解いてi_Lを求めることもできるが，着目しているi_Lやv_Lだけを知るには，以下のような簡便な方法を用いることができる．

これは図3.10に示した，電圧源v_0あるいは電流源i_0と，内部抵抗r_Sからなる等価回路を作成してi_Lを求めるもので，それぞれ以下のような方法が用いら

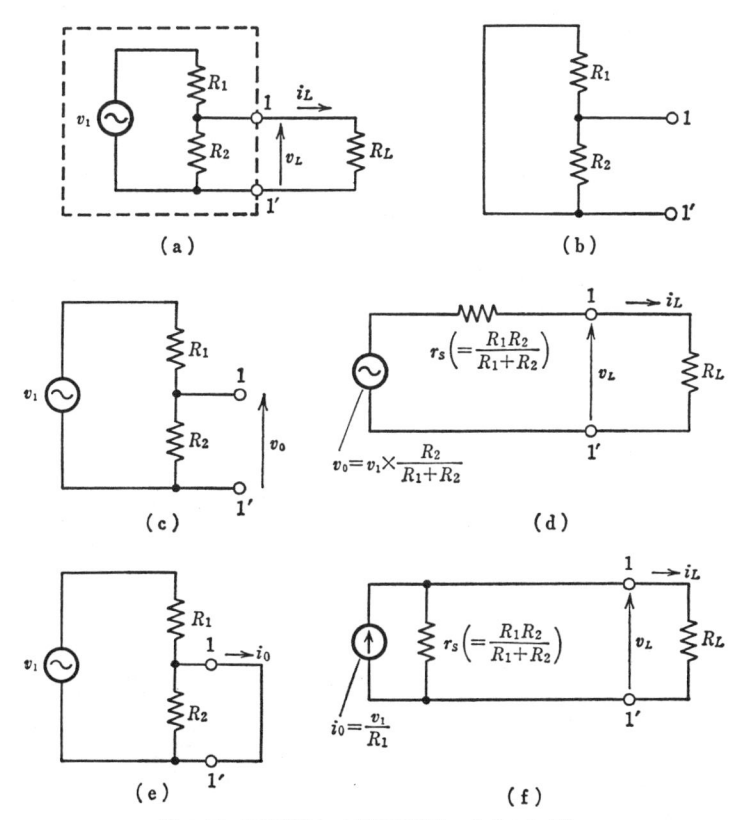

図 3.14　負荷電流i_Lや端子間電圧v_Lを求める方法

れる．

(1) 第1の方法

① 回路の内部に含まれる電源を取り去る．すなわち電圧源は短絡，電流源は開放にする．この状態で図の 1-1′ から見た抵抗値を計算すると，これが内部抵抗 r_S にあたる．図3.14の例では（b）から次のように r_S が求まる．

$$r_S = \frac{R_1 R_2}{R_1 + R_2}$$

② 等価回路の電圧源 v_0 は図3.14（c）で 1-1′ の開放電圧として求めることができる．

$$v_0 = v_1 \times \frac{R_2}{R_1 + R_2}$$

①と②で得られた v_0 と r_S を用いて，R_L に流れる電流 i_L や R_L 両端の電圧 v_L が次の式から求まる（図3.14（d））．

$$i_L = \frac{v_0}{r_S + R_L} = \frac{v_1 \times \dfrac{R_2}{R_1 + R_2}}{\dfrac{R_1 R_2}{R_1 + R_2} + R_L}$$

$$v_L = i_L R_L$$

上の方法は次の鳳-テブナンの定理（Hoh-Thévenin's theorem）を利用したものである．

【鳳-テブナンの定理】 （図3.15（a））

ある端子の開放電圧 v_0 とその端子から見た内部インピーダンス Z_S を用いると，これにインピーダンス Z_L を接続した時の電流 i_L は次のように表せる．

（a）鳳-テブナンの定理　　　（b）ノートンの定理

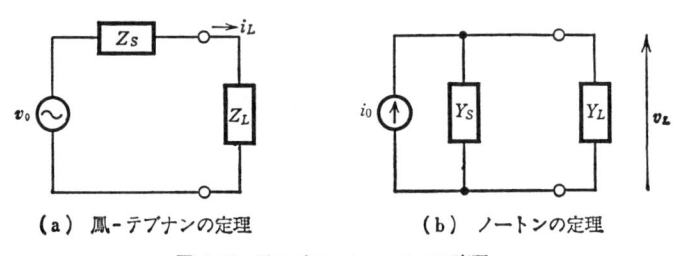

図 3.15　鳳テブナンとノートンの定理

$$i_L = \frac{v_0}{Z_S + Z_L} \tag{3.2}$$

(2) 第2の方法

③ 上の②の代わりに，図3.14（e）のように1-1'の短絡電流を計算すると，等価回路の電流源i_0が次のように求まる．

$$i_0 = \frac{v_1}{R_1}$$

①と③で得られたi_0とr_Sを用いて，R_L両端の電圧v_Lやi_Lが次の式から計算できる（図3.14（f））．

$$v_L = \frac{i_0}{\frac{1}{r_S} + \frac{1}{R_L}} = \frac{\frac{v_1}{R_1}}{\frac{R_1 + R_2}{R_1 R_2} + \frac{1}{R_L}}$$

$$i_L = \frac{v_L}{R_L}$$

上の方法は次の**ノートンの定理**（Norton's theorem）を利用している．

【ノートンの定理】 （図3.15（b））

ある端子の短絡電流i_0とその端子から見た内部アドミタンスY_Sを用いると，これにアドミタンスY_Lを接続した時の端子間電圧v_Lは次のように表せる．

$$v_L = \frac{i_0}{Y_S + Y_L} \tag{3.3}$$

(3) 第3の方法

先に述べた①の方法，すなわち内部の電源を取り去って内部抵抗を求める方法は，能動回路などの制御電源のある回路には適用することはできない．この場合には，②で求めた開放電圧v_0と，③で求めた短絡電流i_0を用い，その比として次のように内部抵抗r_Sを求めることができる[†]．

$$r_S = \frac{v_0}{i_0} = \frac{v_1 \times \frac{R_2}{R_1 + R_2}}{\frac{v_1}{R_1}} = \frac{R_1 R_2}{R_1 + R_2}$$

このr_Sとv_0からi_Lやv_Lが次のように求められる．

---

† 4.2.1でのエミッタホロア回路の解析に使用するのでそれを参照のこと．

$$i_L = \frac{v_0}{r_S + R_L}, \quad v_L = i_L R_L$$

なお出力を短絡（または開放）できない場合でも負荷にR_Lを接続した時の電流i_L（または電圧v_L）を求め内部抵抗r_Sを知ることができる．

i_Lと開放電圧v_0によれば，

$$r_S = \frac{v_0}{i_L} - R_L$$

v_Lと短絡電流i_0によれば，

$$r_S = \frac{1}{\dfrac{i_0}{v_L} - \dfrac{1}{R_L}}$$

となる．

このほか，外部から出力端子に電圧源や電流源を接続してr_Sを測定することも可能である．

3.3 熱設計

4.3.4で説明する電力増幅回路などに用いられる，電力用トランジスタの場合や，数多くのトランジスタで構成されるディジタルシステムなどにおいては，発生する熱が大きな問題となる．熱の放散が悪くて温度が上がると，回路の故障率が増加したり，トランジスタが焼損することになる．これを防ぎ，同時に装置の小形化や省電力化を図るには，電力の利用効率や放熱特性をよくすることが重要である．

電力だけでなく電圧や電流に関しても，トランジスタを破損せずに動作させうる**最大定格**が決められており，その範囲内で使用しなければならない．

図3.16にはバイポーラトランジスタの動作領域を示してある．トランジスタ内で熱となって失われる電力（$I_C V_{CE}$）を**コレクタ損失**（collector dissipation）P_Cと呼ぶ．その許容限界である**最大コレクタ損失**$P_{C\max}$は，図では双曲線となり，以下のように決まる．

トランジスタ内の発熱部の温度である**接合温度**T_jは，そこから外部への**熱**

3.3 熱設計

抵抗 θ と周囲温度 T_a, および P_C で, 次のように表される. θ はトランジスタとそのパッケージの間, パッケージと周囲の熱媒体との間のそれぞれの熱抵抗の合計となる. 放熱板を用いる場合には, 後者の代わり, パッケージと放熱板の間, 放熱板と周囲との間のそれぞれの熱抵抗の和を用いる.

図 3.17 では, 熱流路に関する図と, そして温度を電圧, 熱流を電流に対応させた熱の等価回路をそれぞれ示してある. コレクタ損失 P_C は電流源に相当し, 次式のような関係がある.

$$T_j = \theta P_C + T_a \tag{3.4}$$

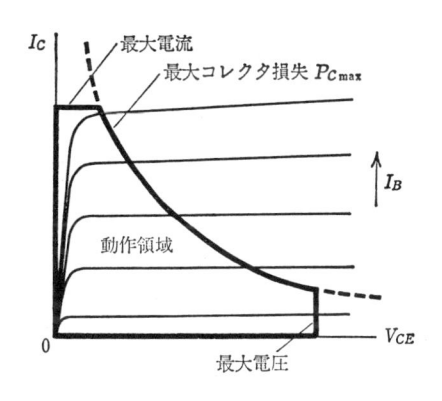

図 3.16 バイポーラトランジスタの動作領域

T_j の許容最大値である**最大接合部温度**は決まっているので, T_a と θ から $P_{C\max}$ が求まる. $P_{C\max}$ は図 3.16 のように双曲線となる.

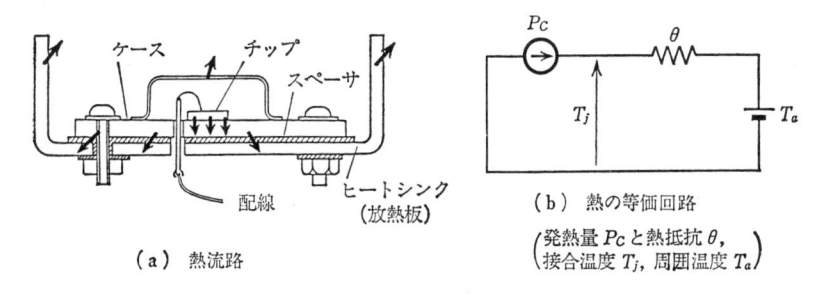

図 3.17 熱流路と熱的な等価回路

(a) 熱流路
(b) 熱の等価回路
(発熱量 P_C と熱抵抗 θ, 接合温度 T_j, 周囲温度 T_a)

このほか, 温度が上がった時電流増幅率が増加するなどして, コレクタ電流, さらにはコレクタ損失を一層増大させ, それが温度をさらに上昇させて最終的に破壊に至ることがある. これは**熱暴走**と呼ばれ, 上記の最大定格を越え

ることになるような時はバイアス方法の工夫なども必要である．

　電力の利用効率を上げる方法として，トランジスタなどをスイッチとして使用する方式が有効である．これにより直流の電圧・電流による，いわゆる静的な電力消費をほとんど零にして，コンデンサの充放電時などの動的（過渡的）な，電力消費だけにすることができる．具体的には，ディジタル用のCMOS回路[†]，電源回路としてのスイッチングレギュレータ[††]，さらにはサイリスタによる電力制御[†††]などがその例である．

　ディジタル回路などでの動的な電力消費は，単位時間当りのスイッチング回数に比例する．このため，速い繰り返しで動作させても温度が上がらないようにするには，1回のスイッチング当りの電力消費を減らし，同時に放熱をよくすることが重要である．前者の方策として，配線の容量などの余分な容量を極力減らし，その充放電電流を減少させることが望ましいが，集積回路技術による高密度化はこの点で大変効果的といえる．

演 習 問 題

[1] 問図3.1のように50Wと100Wの二つの電球を直列にした回路での電流Iおよびそれぞれの電球で消費される電力を求めよ．なお図には，両電球の電圧-電流特性を示してある．

[2] 問図3.2(a)の出力特性を持つMOSトランジスタで，同図(b)のような増幅回路を構成した時の入出力の伝達特性を作図せよ．

[3] 問図3.3の回路で電流Iを求めよ．

[4] 最大接合部温度を100°C，周囲温度を25°Cとし，トランジスタとパッケージの間の熱抵抗を10°C/W，パッケージと放熱板の間の熱抵抗を2.5°C/Wとする．放熱板の大きさが十分大きく，それから周囲への熱抵抗は十分小さいとした時，およびその熱抵抗が2.5°C/Wとした時の，それぞれの最大コレクタ損失を求めよ．

[5] 問図3.4の回路で，周波数にかかわらずv_0/v_iが1/10となるには，R_1とC_1の

[†] II巻10.2.2で述べる．
[††] 7.3節で述べる．
[†††] 7.4節で述べる．

値はいくらでなければならないか.

問図 3.1

問図 3.2

問図 3.3

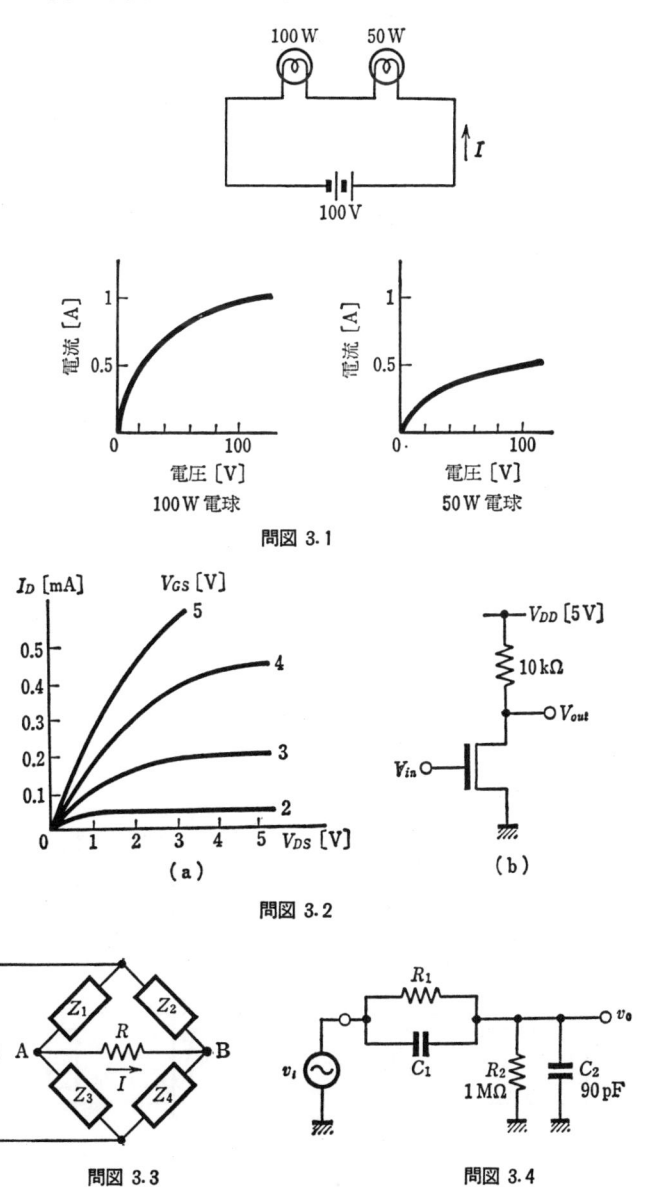

問図 3.4

4 増幅回路

4.1 増幅回路パラメータ

4.1.1 能動4端子回路としての増幅回路

増幅回路は，図4.1のように一対の入力端子と一対の出力端子とからなる**能動4端子回路**として考えることができる．入出力のそれぞれ片側の端子は共通にして用いることが多い．なお能動回路の場合には一般に，受動回路の場合とは異なって，信号の伝送に方向性があり，入力から出力へと信号が伝わる．これは3.2.3で述べたように，能動素子の等価回路で制御電源が使用されることに由来する．

以下では微小信号を対象とし，線形回路として考える．また回路はブラック

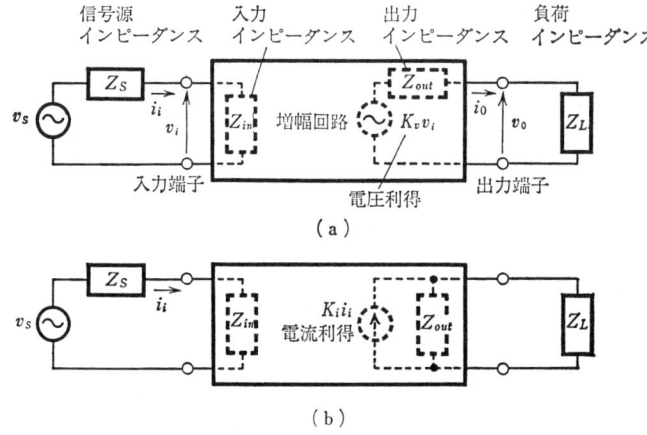

図 4.1 能動4端子回路として表した4端子回路

ボックスとして扱うが，この場合**入力インピーダンス** (input impedance) Z_{in}, **出力インピーダンス** (output impedance) Z_{out}, および以下のような各種の利得が重要なパラメータとなる．なお低周波では Z_{in}, Z_{out} の代わりに入力抵抗 R_{in} や出力抵抗 R_{out} で考えることができる．

図 4.1（a）では**電圧利得**（電圧増幅度 voltage gain） K_v を，また（b）では**電流利得**（電流増幅度 current gain） K_i を，それぞれ用いているが， K_v, K_i は以下のように定義される．

$$K_v \equiv \frac{v_0}{v_i}\Big|_{i_0=0}, \quad K_i \equiv \frac{i_0}{i_i}\Big|_{v_0=0}$$

K_v は $i_0=0$ の時の v_0/v_i で出力開放電圧利得，また K_i は $v_0=0$ の時の i_0/i_i で出力短絡電流利得と呼ぶのが適当である．なお K_i は Z_{in}, Z_{out}, K_v との間に次の関係が成り立つ．

$$K_i = \frac{i_0}{i_i} = \frac{i_0}{v_0}\frac{v_i}{i_i}\frac{v_0}{v_i} = \frac{Z_{in}}{Z_{out}}K_v \tag{4.1}$$

このほか，次のような変換利得を考えることもできる．

$$K_{iv} = \frac{v_0}{i_i}\Big|_{i_0=0}, \quad K_{vi} = \frac{i_0}{v_i}\Big|_{v_0=0}$$

K_{iv} は**相互インピーダンス** (mutual impedance), K_{vi} は**相互アドミタンス** (mutual admittance) と呼ばれるパラメータである．

なお利得は，入出力の電圧や電流に位相差がある場合には，複素数で表されることになる．

Z_{L1} を負荷インピーダンス Z_L として接続した時の i_0 や v_0 を用い，入力と出力の電力比としての**電力利得**（power gain） K_p を考えることもできる．

$$K_p \equiv \frac{P_0}{P_i}\Big|_{Z_L=Z_{L1}} = \frac{i_0 v_0}{i_i v_i}\Big|_{Z_L=Z_{L1}}$$

特に入力端子や出力端子を整合†した時の電力利得は**有能電力利得** (available power gain) と呼ばれる．この有能電力利得は，特に高周波回路では重要なパラメータである．

---

† 3.2.4 参照．

次に，**利得**（gain）の表現法について説明する．増幅器の利得は10^n倍というように数値の範囲が広く，利得を対数（常用対数）で表現することが行われる．このため以下のような**デシベル**（decibel, dB）表示を用いる．

電力利得の場合は，次のように常用対数の10倍で表現したものをデシベルと呼ぶ．

電力利得　　$10 \log K_p = 10 \log \left(\dfrac{P_0}{P_i} \right)$　〔dB〕

一方，電圧利得や電流利得の場合のデシベル表示は，次のように常用対数の20倍で表す．

電圧利得　　$20 \log K_v = 20 \log \left(\dfrac{v_0}{v_i} \right)$　〔dB〕

電流利得　　$20 \log K_i = 20 \log \left(\dfrac{i_0}{i_i} \right)$　〔dB〕

たとえば2倍は，6 dB，10倍は20 dB，$1/\sqrt{2}$は-3 dBなどとなる．

多段に縦続接続された増幅回路全体の電圧利得K_vは，各段の利得（$K_{v1}, K_{v2}, K_{v3}\cdots$）の積で与えられる．これをデシベル表現で表すと，$K_v$は次のように，各段のデシベル表現した利得の和で与えられることになり，便利である．

$$\begin{aligned}20 \log K_v &= 20 \log (K_{v1}, K_{v2}, K_{v3}\cdots) \\ &= 20 \log K_{v1} + 20 \log K_{v2} \\ &\quad + 20 \log K_{v3} + \cdots\end{aligned}$$

増幅器は，入出力端子の片側が接地されているかどうかによって，図4.2のように平衡と不平衡の入出力の組合せがある．平衡入力の増幅器では差動増幅器[†]が代表的なものである．平衡出力では,電圧出力の場

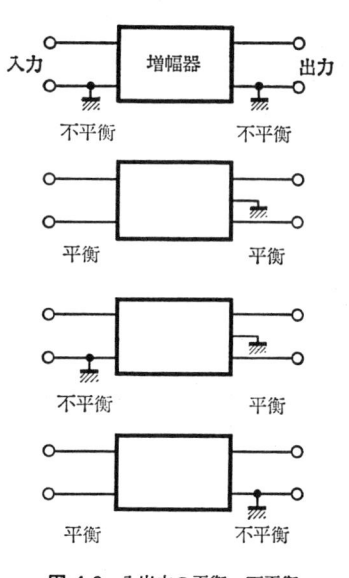

図 4.2　入出力の平衡，不平衡

[†] 4.3.2で説明する．

合二つの出力端子の接地に対する電圧変化が，また電流出力の場合二つの出力端子からの電流変化が，それぞれ逆向きで等しい値になる．このような**平衡形増幅器**に関係したパラメータについては，4.3.2の差動増幅器の項で説明する．

4.1.2　周波数特性

周波数 f の正弦波入力信号を加えた時の，周波数 f と増幅器の利得 K の関係について説明する．利得は複素数で表されるため，その振幅 $|K|$ と位相 $\angle K$ についての**周波数特性**（frequency characteristics）が問題になる．これを図4.3に示す．一般に対数で周波数や振幅（dB表示）を表し，また周波数 f の代わりに角周波数 ω （$=2\pi f$）を用いることが多く，以下の説明でもこれに従う．

一様に増幅する周波数帯での利得を K_0 とすると，K_0 より3dBすなわち電圧・電流利得では $1/\sqrt{2}$，電力利得では $1/2$ に利得が低下する周波数 f_l, f_h を**しゃ断周波数**（cut-off frequency）（ω_l, ω_h をしゃ断角周波数）と呼ぶ．f_l は低域しゃ断周波数，f_h は高域しゃ断周波数で，f_h-f_l（$\equiv B$）は**帯域幅**（band width）である．

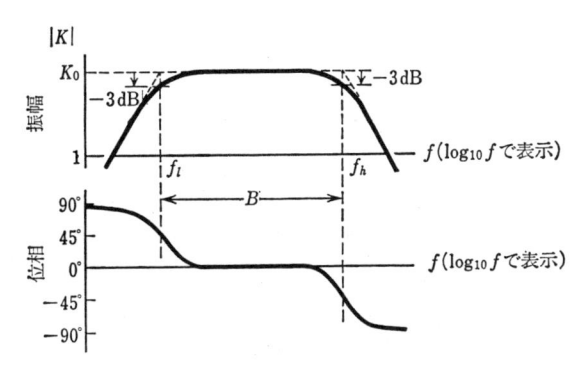

図 4.3　周波数特性の例

振幅 $|K|$ が必要な周波数帯域で一定でない時や，位相 $\angle K$ の変化が周波数に比例しない時は，出力波形に**ひずみ**（distortion）を生じる．なお信号の遅延時間は，位相差を角周波数で割算した値となるため，位相差が周波数に比例し遅延時間が一定となる場合はひずみとはならない．図4.4には，上のような**振**

幅ひずみ (amplitude distortion) と位相ひずみ (phase distortion) の例を示してある．周波数の異なる二つの正弦波電圧 V_{f1} と V_{f2} の合成波形が，V_{f2} の振幅や位相が変化した時にひずむ様子がわかる．このようなひずみを**周波数ひずみ**と呼ぶ[†]．

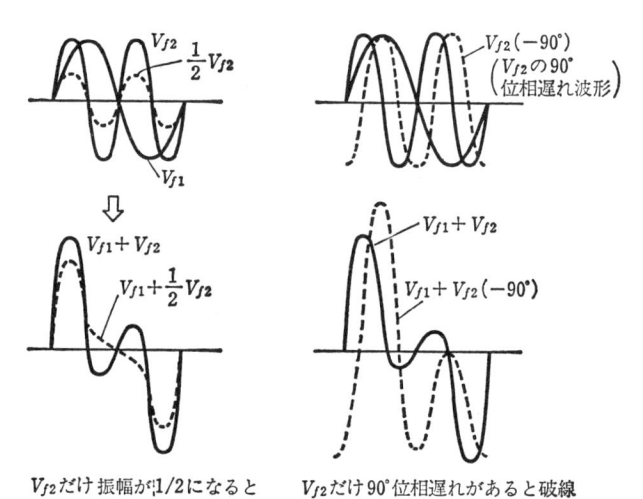

（a）振幅ひずみの例　　　　（b）位相ひずみの例

V_{f2} だけ振幅が1/2になると破線のようにひずみを生じる．　V_{f2} だけ90°位相遅れがあると破線のようにひずみを生じる．

図 4.4　波形ひずみ

次に，増幅する周波数帯域の違いによって増幅回路を分類したものを図4.5に示す．4.3節で具体的な増幅回路について説明するが，それぞれに関係する項の番号を図中にも示してある[††]．

交流増幅回路 (ac amplifier) は交流信号のみを増幅するもので，**直流増幅回路** (dc amplifier) はさらに直流をも増幅できるものである．また増幅する周波数帯域幅の違いで**広帯域増幅回路** (wide-band amplifier) と**狭帯域増幅路** (nallow-band amplifier) に分けられる．前者はビデオ増幅回路とも呼ば

[†] 4.1.4 では別のひずみである非直線ひずみについて述べる．
[††] 周波数の違いからではなく，大電力を扱う回路として特に分類した電力増幅回路について4.3.5 で説明する．

れ，波形を忠実に増幅するオシロスコープのような測定器などに用いられる．これは，上の交流増幅回路や直流増幅回路で高周波まで増幅できるものである．

- 交流増幅回路 (4.3.1)
- 直流増幅回路 (4.3.2)
- 広帯域増幅回路 (4.3.1, 4.3.2)
  （パルスなど広い周波数成分を持つ信号の増幅）
- 狭帯域増幅回路（同調増幅回路）(4.3.3)
  （特定の周波数成分の増幅）

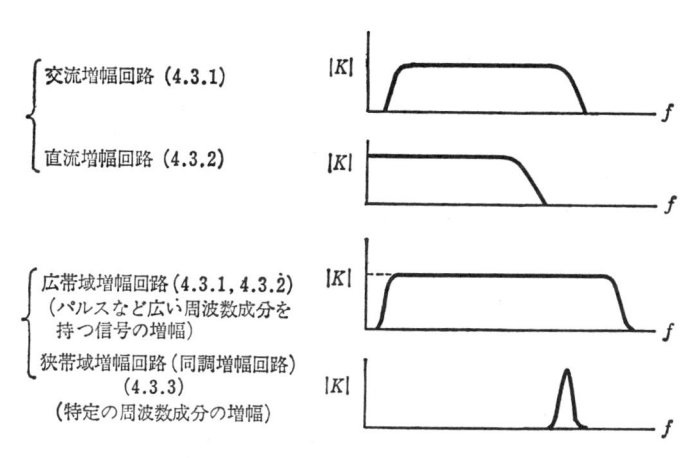

図 4.5 周波数帯域による増幅器の分類（かっこ内は関係する項の番号）

これに対して後者の狭帯域増幅回路は，特定の周波数成分だけを増幅するもので同調増幅回路とも呼ばれる．通信や放送をはじめ，高周波帯では特定の周波数帯域だけを増幅する場合がほとんどである．高周波では3.2.4で述べたような共役整合が必要とされるが，これを広い周波数範囲にわたって行うことは容易ではなく，また不要な周波数を増幅することは雑音を増やすことにもなるため，一般に高周波増幅回路といえば，同調増幅回路にあたる．

抵抗とコンデンサからなる RC 回路を用いると，図4.6のような低域通過回路や高域通過回路を作ることができる．入出力の電圧または電流の伝達特性は次のようになり，これのしゃ断角周波数 ω_0 は $1/CR$ である．

図4.6 (a) の低域通過回路では，

$$v_0 = \frac{1}{1+j\frac{\omega}{\omega_0}} v_i, \quad i_0 = \frac{1}{1+j\frac{\omega}{\omega_0}} i_i \tag{4.2}$$

図4.6 (b) の高域通過回路では，

(a) 低域通過回路

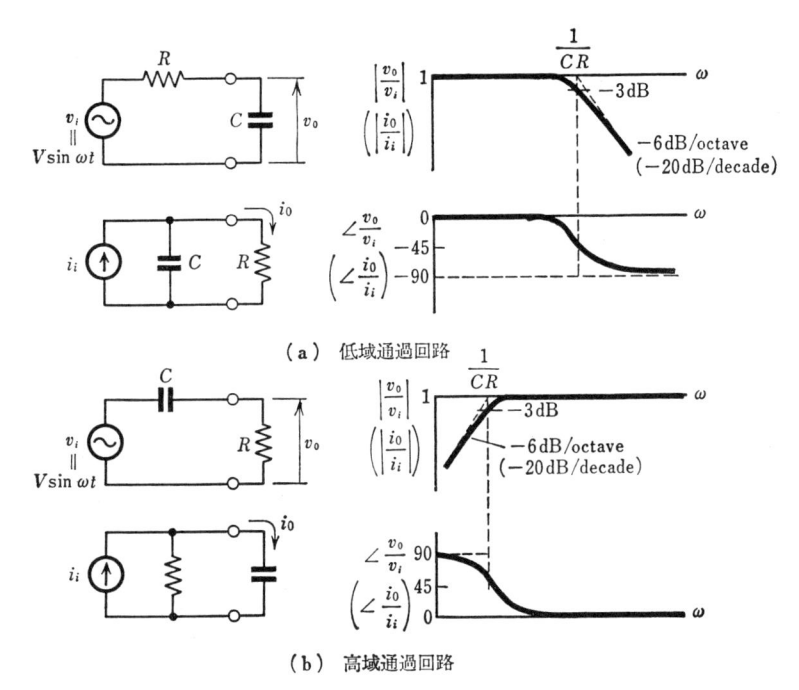

(b) 高域通過回路

図 4.6 RC 回路の周波数特性

$$v_0 = \frac{j\dfrac{\omega}{\omega_0}}{1+j\dfrac{\omega}{\omega_0}} v_i = \frac{1}{1-j\dfrac{\omega_0}{\omega}} v_i$$

$$i_0 = \frac{j\dfrac{\omega}{\omega_0}}{1+j\dfrac{\omega}{\omega_0}} i_i = \frac{1}{1-j\dfrac{\omega_0}{\omega}} i_i$$

(4.3)

v_0/v_i の振幅と位相の周波数特性を図中に示す.

増幅回路の性能を表す指数の一つとして,図4.7の利得 K_0 と帯域幅 B の積 $K_0 B$ である**利得帯域幅積**(gain-bandwidth product)が用いられる.また図 4.7 で,利得が 1 になる周波数 f_u は**単一利得周波数**(nuity gain frequency)と呼ばれる.

次に，多段に縦続接続された多段増幅回路の周波数特性について考える．2段の例で，1段目と2段目の利得，K_1とK_2が次のように与えられると，全体の利得Kはその積$K_1 K_2$となる．

$$K_1 = \frac{K_{10}}{1+j\frac{\omega}{\omega_1}}, \quad K_2 = \frac{K_{20}}{1+j\frac{\omega}{\omega_2}}$$

$$K = K_1 K_2 = \frac{K_{10} \cdot K_{20}}{\left(1+j\frac{\omega}{\omega_1}\right)\left(1+j\frac{\omega}{\omega_2}\right)}$$

図 4.7 利得・帯域幅積と単一利得周波数

$K_0 \cdot B$：利得・帯域幅積
f_u：単一利得周波数

図4.8にKの振幅と位相の周波数特性を示すが，両軸を対数表示しているため，K_1とK_2の分を図の上でそれぞれ加えることによって，$|K|$や$\angle K$の周波数特性を描くことができる．

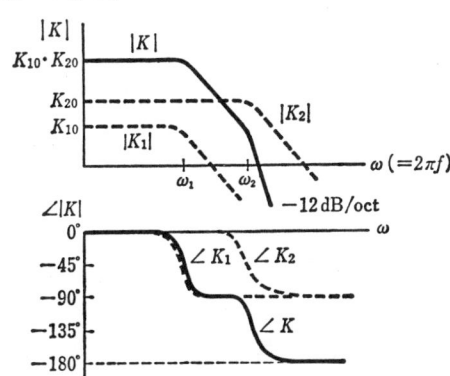

図 4.8 多段増幅回路の周波数特性（利得K_1と利得K_2の2段の例）

4.1.3 ステップ応答

ステップ応答（step response）に関して説明する．図4.6と同じ抵抗とコンデンサからなる回路でステップ入力を加えた場合の出力波形を図4.9に示す．

同図（a）で出力電圧$v_C(t)$は次のような関係にある．

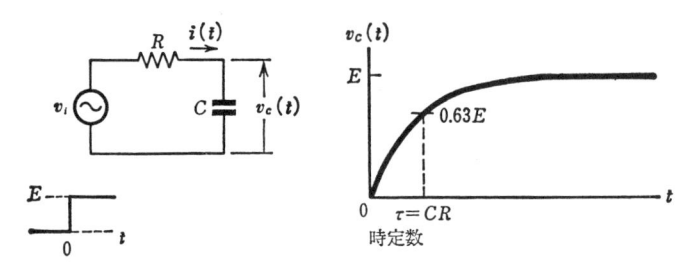

(a) 積分回路

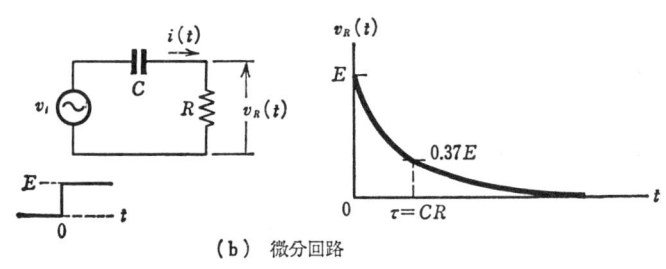

(b) 微分回路

図 4.9　RC 回路のステップ応答

$$v_C(t) = \frac{1}{C}\int_0^t i(t)dt \implies i(t) = C\frac{dv_C(t)}{dt}$$

$$v_i = i(t)R + v_C(t)$$

以上から次の回路方程式が成立する．

$$\frac{dv_C(t)}{dt} + \frac{v_C(t)}{CR} = \frac{v_i}{CR}$$

v_i は，$t=0$ で 0 から E となるステップ電圧であるが，これを解いて $v_C(t)$ は次のように求まり，図 4.9 (a) ような応答波形を得る．

$$v_C(t) = E(1 - e^{-\frac{t}{CR}}) \tag{4.4}$$

この式は式 (4.2) の周波数特性の式で，$j\omega \to s$, $v_i \to \dfrac{E}{s}$ とした次の式を逆ラプラス変換して求めることもできる．

$$V_0(s) = \frac{1}{1+sCR}\frac{E}{s}$$

4.1 増幅回路パラメータ

この低域通過回路は**積分回路**とも呼ばれる．

他方，図 4.9（b）の場合は，出力電圧 $v_R(t)$ は次のようになり，同図のような応答波形を得る．

$$v_R(t) = i(t)R$$

この高域通過回路の場合は**微分回路**とも呼ばれる．

式(4.4)の $v_C(t)$ と $v_R(t)$ の和が E となることから，$v_R(t)$ は次のようになる．

$$v_R(t) = E e^{-\frac{t}{CR}} \tag{4.5}$$

なお，図 4.6 中に示した電流源の回路の場合も，それぞれの電流に注目すれば同様な関係になる．

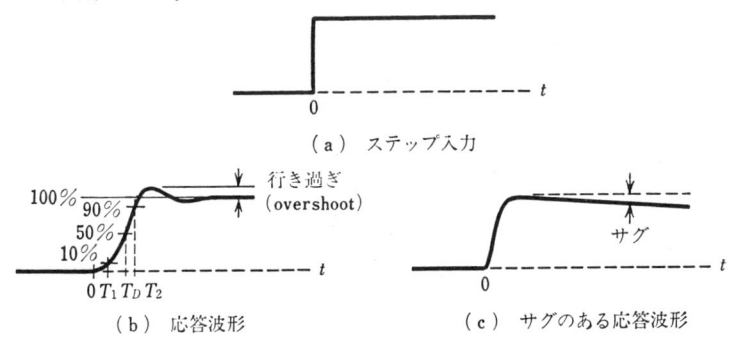

図 4.10 ステップ入力と応答波形

次に応答波形とそれに関係するパラメータの意味を説明する．図 4.10 には，ステップ入力電圧とそれに対する応答波形の例が示されている．（b）のように，出力電圧が最後値の 50％ になるまでの時間 T_D が**遅延時間**（delay time）である．また波形の立上りで 10％ から 90％ までの時間（$T_r = T_2 - T_1$）は**立上り時間**（rise time），逆に波形の立下りで 90％ から 10％ までの時間 T_f は**立下り時間**（fall time）と呼ばれる．波形が 100％ 以上になる分を**行き過ぎ**（over-shoot），逆に立下り時に 0％ 以下になる分を**下り過ぎ**（undershoot），また波形が波打つものを**振動**（ringing）と呼ぶ．増幅器が直流を増幅できない場合は，図 4.10（c）のように出力電圧が時間につれて減少する波形となる．これは**サグ**（sag）または**ドループ**（droop）と呼ぶ．

4.1.4 非直線ひずみ

増幅回路の出力電圧の範囲は有限であるため，入力電圧を大きくしていくと，

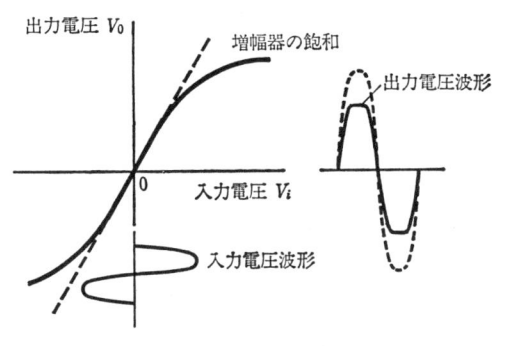

図 4.11 増幅器の入出力特性例

図4.11のように出力電圧波形は頭打ちになる．これを**増幅回路の飽和**(saturation of amplifier) と呼ぶが，このように出力波形が入力波形と異なることを**非直線ひずみ** (nonlinear distortion) があるという．周波数 f_1 の入力正弦波が非直線ひずみによって図4.12のような矩形波になったとすると，この矩形波は基本波の f_1 成分以外に，$3f_1$ などの高調波成分を含むことになる．基本波や高調波の成分の電圧を，それぞれの次数に対応させて B_2, B_3, B_4 とすると，**ひずみ率** (distortion factor) D は，

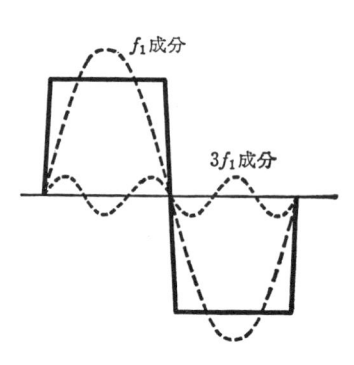

図 4.12 方形波の主要な周波数成分

次のように基本波成分に対する高調波成分の割合として定義される．

$$D \equiv \frac{\sqrt{B_2{}^2 + B_3{}^2 + B_4{}^2 + \cdots}}{B_1} \times 100\% \tag{4.6}$$

4.1.5 雑音とドリフト

増幅回路では，できるだけ小さな信号から大きな信号まで扱えることが望ま

しい．最小信号はここで述べる雑音やドリフトで，また最大信号は4.1.4で述べた増幅回路の飽和で制約される．最大信号と最小信号の大きさの比を**ダイナミックレンジ**（dynamic range）と呼ぶ．

ドリフト（drift）は，温度変化や時間経過などによって信号の基準レベルが変動するものである．これは特に直流増幅回路で問題となるので，4.3.2であらためて説明することにする．

雑音（noise）とは信号の不規則なゆらぎで，回路内で抵抗体やトランジスタから発生する内部雑音と，外部から混入する外来雑音とがある．

内部雑音には次のような3種類がある．

① **熱雑音**（thermal noise）

抵抗体では，自由電子の熱運動（ブラウン運動）によって，不規則な電圧v_nを発生する．抵抗値がRで，温度がT，問題とする周波数帯域の幅をBとすると，v_nの2乗平均値は次のようになる．

$$\overline{v_n^2} = 4kTRB \tag{4.7}$$

ここでkはボルツマン定数である．v_nは周波数に無関係に一定となるが，このような雑音は**白色雑音**（white noise）と呼ばれる．

② **散弾雑音**（shot noise）

能動素子で電荷の注入などのゆらぎによって不規則な電流i_nを発生するもので，流れている電流がIである時，i_nの2乗平均値は次のようになる．

$$\overline{i_n^2} = 2qIB \tag{4.8}$$

ここでqは電子の電荷であり，i_nも周波数によらない白色雑音となる．

③ **$1/f$雑音**（flicker noise）

半導体の導電率のゆらぎなどによって，雑音電流i_nの2乗平均値が周波数fに逆比例する次のような雑音が発生する．この$1/f$雑音は，特に低周波で問題となる．

$$\overline{i_n^2} \propto 1/f$$

以上のような雑音の振幅分布は，一般に正規分布に従うが，これを**ガウス性雑音**（Gaussian noise）と呼ぶ．

次に雑音に関するパラメータについて説明する．信号と雑音の電力比を**信号対雑音比**，または **SN 比**（signal to noise ratio）と呼ぶが，SN 比が 1 以下では信号が雑音に埋もれてしまい，その信号を処理することは不可能になる．

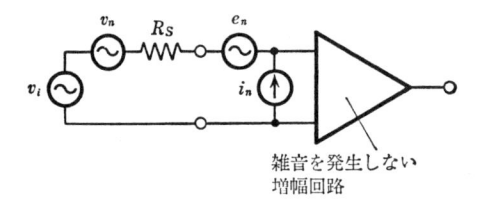

図 4.13 入力換算雑音電圧 e_n と入力換算雑音電流 i_n による等価回路（v_n は信号源抵抗 R_S による熱雑音，v_i は信号電圧）

増幅回路の出力端子に現れる雑音は，図4.13に示すように，雑音を発生しない増幅回路と，その入力端子に接続されて等価な働きをする，雑音電圧源 e_n，および雑音電流源 i_n によって表すことができる．e_n は**入力換算雑音電圧**（equivalent input noise voltage），i_n は**入力換算雑音電流**（equivalent input noise current）と呼ばれる．このほか，入力端子に信号源抵抗 R_S が接続される時は，式 (4.7) に従う熱雑音 v_n も問題となる．図4.13での全雑音成分の合計である等価入力雑音電圧 e_{ni} の 2 乗平均値 $\overline{e_{ni}^2}$ は e_n と i_n に相関がなければ，次のようになる．

$$\overline{e_{ni}^2} = \overline{v_n^2} + \overline{e_n^2} + \overline{i_n^2}R_S^2$$

信号源抵抗 R_S が大きい場合は i_n が主要な雑音源になるため，i_n が小さいことが要求される．

増幅回路の雑音を，熱雑音とみなした時の抵抗値で表すことも行われる．これを**等価雑音抵抗**（equivalent noise resistance）と呼ぶ．

増幅回路の雑音の大きさを表すのに，**雑音指数**（noise figure）F が用いられる．信号源からの，有能雑音電力を N_i，有能信号電力を S_i とし，出力端ではそれぞれを N_0, S_0 とすると，F は次のように定義される．

$$F \equiv \frac{S_i/N_i}{S_0/N_0} \tag{4.9}$$

増幅回路の電力利得 (S_0/S_i) を G とする．増幅器内で発生する内部雑音電力を

4.2 基本回路

入力に換算して N_e とすると N_0 は $G(N_i+N_e)$ となり, F は次のように表せる.

$$F=\frac{S_i}{S_0}\frac{N_0}{N_i}=\frac{1}{G}\cdot\frac{G(N_i+N_e)}{N_i}=1+\frac{N_e}{N_i}$$

増幅回路の出力側での SN 比 (S_0/N_0) は,増幅回路自身の雑音が加わるために,信号源の SN 比 (S_i/N_i) より小さい.このため一般には $F>1$ となり,増幅回路が雑音を発生しない理想的なものとした場合が $F=1$ にあたる.

4.2 基本回路

4.2.1 接地方式

トランジスタの増幅回路は,入出力の接地(共通)端子をトランジスタのどの端子にするかで,図 4.14 の 3 種類の接地方式に分けることができる.この例はバイポーラトランジスタによる増幅回路で,**ベース接地** (common base),**エミッタ接地** (common emitter),**コレクタ接地** (common collector),と呼ばれるが,FET による増幅回路では,これらはそれぞれ,**ゲート接地** (common gate),**ソース接地** (common source),**ドレーン接地** (common drain) に対応する.なおコレクタ接地やドレーン接地は,それぞれ**エミッタホロア** (emitter follower) や**ソースホロア** (source follower) とも呼ばれる.

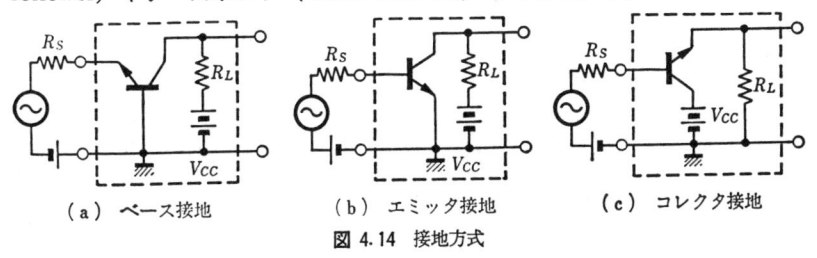

(a) ベース接地　　(b) エミッタ接地　　(c) コレクタ接地

図 4.14　接地方式

(1) バイポーラトランジスタの各接地方式

図 4.1 の (a) や (b) で説明した増幅回路パラメータ,すなわち入力抵抗 R_{in},出力抵抗 R_{out},電圧利得 K_v,電流利得 K_i を,図 2.25 (b) に示した簡略化した h パラメータモデルの各パラメータで表す.ここで h_{ie} は $2\mathrm{k}\Omega$,h_{fe} は

49 とし，図 4.14 の R_S と R_L を 50 kΩ とおいて，具体的な R_{in}, R_{out}, K_v, K_i の値を計算してみる．(表 4.1 各項上段参照)．

(a) ベース接地

図 4.15 は，h パラメータモデルを適用したベース接地回路の等価回路である．

3.2.1 で説明した閉路解析法を図のループ A に適用した回路方程式は，次のようになる．

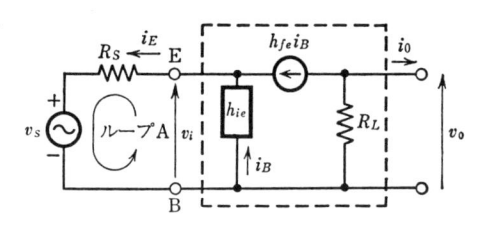

図 4.15 ベース接地回路の等価回路

$$-v_S = (1+h_{fe})i_B R_S + h_{ie}i_B \tag{4.10}$$

また v_0 は次式で表される．

$$v_0 = -h_{fe}i_B R_L$$

これから増幅回路パラメータを求めると，以下の式 (4.11) から式 (4.14) のようになる．

$$R_{in} = -\frac{v_i}{i_E} = -\frac{-h_{ie}i_B}{(1+h_{fe})i_B} = \frac{h_{ie}}{1+h_{fe}} \tag{4.11}$$

$$R_{out} = R_L \tag{4.12}$$

$$K_v = \frac{v_0}{v_i} = \frac{-h_{fe}i_B R_L}{v_S + (1+h_{fe})i_B R_S}$$

v_S に式 (4.10) を代入する．

$$K_v = \frac{h_{fe}}{h_{ie}} R_L \tag{4.13}$$

式 (4.1) の関係を用いる．

$$K_i = \frac{R_{in}}{R_{out}} K_v = \frac{h_{ie}}{R_L(1+h_{fe})} \times \frac{h_{fe}}{h_{ie}} R_L = \frac{h_{fe}}{1+h_{fe}} \tag{4.14}$$

(b) エミッタ接地

エミッタ接地回路は最もよく用いられる回路で，図 4.16 はその h パラメータモデルを用いた等価回路である．

増幅回路パラメータは以下のように計算できる．

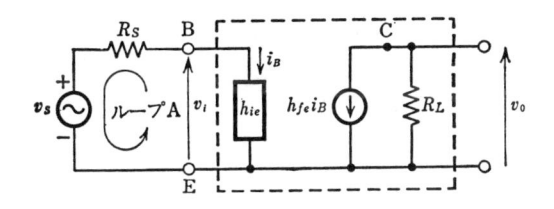

図 4.16 エミッタ接地回路の等価回路

$$R_{in} = h_{ie} \tag{4.15}$$

$$R_{out} = R_L \tag{4.16}$$

$$K_v = \frac{v_o}{v_i} = \frac{-h_{fe} i_B R_L}{i_B h_{ie}} = -\frac{h_{fe} R_L}{h_{ie}} \tag{4.17}$$

$$K_i = -h_{fe} \tag{4.18}$$

（c） コレクタ接地

コレクタ接地回路は，ベースに入力電圧を加え，エミッタから出力電圧を取り出す回路である．ベース-エミッタ間電圧は 0.7 V 程度で，ほぼ一定であり，エミッタ電圧はベース電圧に追従して変化するため，**エミッタホロア**（emitter follower）とも呼ばれる．図 4.17 には図 4.14（c）を書き直した回路と h パラメータモデルによる等価回路を示す．この回路方程式は次のようになる．

$$v_S = (R_S + h_{ie}) i_B + (1 + h_{fe}) i_B R_L$$

$$v_0 = (1 + h_{fe}) i_B R_L$$

次に，増幅回路パラメータのそれぞれについて計算する．

$$R_{in} = \frac{v_i}{i_B} = \frac{h_{ie} i_B + (1 + h_{fe}) i_B R_L}{i_B} = h_{ie} + (1 + h_{fe}) R_L \tag{4.19}$$

R_{out} は，3.2.5 で説明した第 3 の方法で，出力開放電圧 v_0 と出力短絡電流 i_0 の比として求めることができる．v_0 は，上の回路方程式で i_B を消去して得られる．また i_0 は，図 4.17 で出力端を短絡したことを仮定して，次のように回路方程式を作成し，i_B を消去して求めることができる．

$$v_S = i_B (R_S + h_{ie})$$

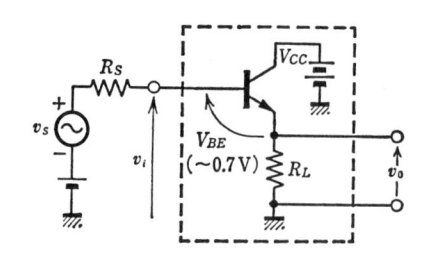

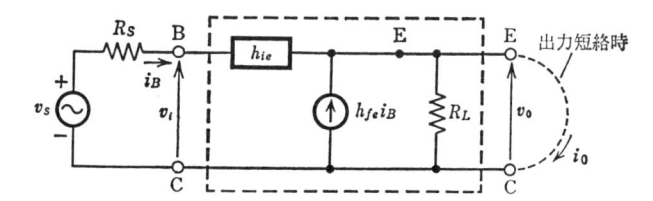

図 4.17 コレクタ接地（エミッタホロワ）回路とその等価回路

$$i_0 = (1+h_{fe})i_B$$

これより，R_{out} は次のようになる．

$$R_{out} = \frac{v_0}{i_0} = \frac{\dfrac{(1+h_{fe})R_L v_S}{R_S+h_{ie}+(1+h_{fe})R_L}}{\dfrac{(1+h_{fe})v_S}{R_S+h_{ie}}}$$

$$= \frac{R_L(R_S+h_{ie})}{R_S+h_{ie}+(1+h_{fe})R_L} \tag{4.20}$$

K_v や K_i は以下のとおりである．

$$K_v = \frac{v_0}{v_i} = \frac{(1+h_{fe})i_B R_L}{h_{ie}i_B+(1+h_{fe})i_B R_L} = \frac{(1+h_{fe})R_L}{h_{ie}+(1+h_{fe})R_L} \tag{4.21}$$

$$K_i = \frac{i_0}{i_B} = \frac{(1+h_{fe})i_B}{i_B} = 1+h_{fe} \tag{4.22}$$

なお，$h_{ie} \ll (1+h_{fe})R_L$，$h_{fe} \gg 1$ が成り立つ時は，次のようになる．

$$R_{in} \approx h_{fe}R_L \tag{4.23}$$

$$K_v \approx 1 \tag{4.24}$$

さらに，$R_S \ll (1+h_{fe})R_L$ も成り立つと，次式のように表せる．

$$R_{out} \approx \frac{R_S + h_{ie}}{h_{fe}}$$

（2） FETの各接地方式

バイポーラトランジスタの場合と同様にして，FETの場合の各接地方式について，その等価回路から増幅回路パラメータを求める．また，FETのg_mを$1mS$，信号源抵抗R_Sおよび負荷抵抗R_Lをともに$50\,k\Omega$とし，各増幅回路パラメータの具体的な数値を求める（表4.1各項下段）．

（a） ゲート接地

図4.18はゲート接地の場合で，次の回路方程式が成立する．

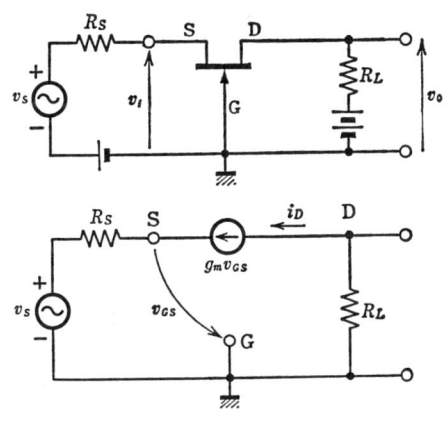

図4.18 ゲート接地回路とその等価回路

$$v_i = -v_{GS} = v_S + i_D R_S$$

$$i_D = g_m v_{GS}$$

これから$R_{in}, R_{out}, K_v, K_i$は次のようになる．

$$R_{in} = \frac{-v_{GS}}{-i_D} = \frac{1}{g_m} \tag{4.25}$$

$$R_{out} = R_L \tag{4.26}$$

$$K_v = \frac{v_0}{v_i} = \frac{-i_D R_L}{-v_{GS}} = g_m R_L \tag{4.27}$$

$$K_i = 1 \tag{4.28}$$

（b） ソース接地

図4.19にソース接地の場合を示す．各増幅回路パラメータは，図から容易に求まる．

$$R_{in} = \infty \tag{4.29}$$

$$R_{out} = R_L \tag{4.30}$$

$$K_v = \frac{-g_m v_{GS} R_L}{v_i}$$

$$= -g_m R_L \quad (4.31)$$

$$K_i = -\infty \quad (4.32)$$

(c) ドレーン接地

図4.20のドレーン接地回路について説明する．図4.17のコレクタ接地の場合と同じような理由で，この回路は**ソースホロア**(source follower)とも呼ばれる．各増幅回路パラメータを求めると以下のようになる．

$$R_{in} = \infty \quad (4.33)$$

$$R_{out} = \frac{\text{出力開放電圧}(v_0)}{\text{出力短絡電流}(i_0)}$$

$$= \frac{g_m v_{GS} R_L}{g_m v_S}$$

ループAでの電圧の関係から次式が成り立つ．

$$v_S = v_i$$
$$= v_{GS} + g_m v_{GS} R_L$$

この式の v_S を R_{out} の式に代入すると次式が得られ，さらに $1 \ll g_m R_L$ が成り立てば，R_{out} は次のように $1/g_m$ と近似できる．

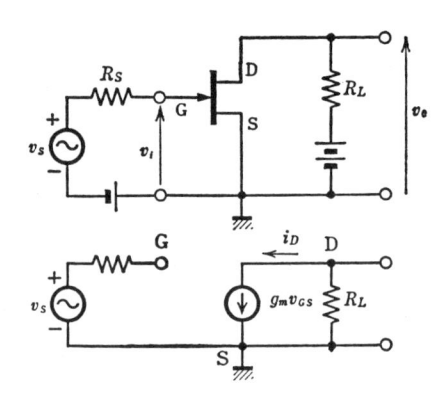

図4.19 ソース接地回路とその等価回路

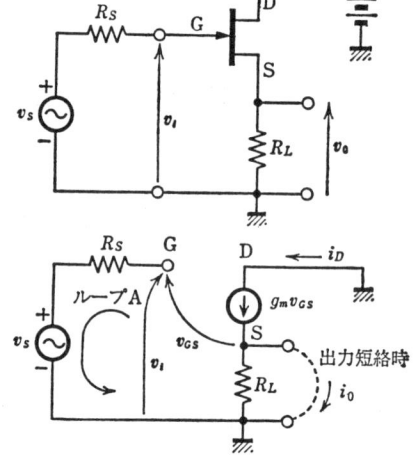

図4.20 ドレーン接地（ソースホロア回路とその等価回路）

$$R_{out} = \frac{R_L}{1 + g_m R_L} \approx \frac{1}{g_m} \quad (4.34)$$

K_v は以下のとおりで，$1 \ll g_m R_L$ が成立する時，K_v は1に近似できる．

$$K_v = \frac{v_0}{v_i} = \frac{g_m v_{GS} R_L}{v_{GS} + g_m v_{GS} R_L} = \frac{g_m R_L}{1 + g_m R_L} \approx 1 \quad (4.35)$$

$$K_i = \infty \tag{4.36}$$

(3) 接地方式の比較

バイポーラトランジスタとFETの各接地方式について，それぞれの増幅回路パラメータを求める式を表4.1に示す．この表では，バイポーラトランジスタについてはT形等価回路のパラメータで表した式も記してある．表中にはまた，先の数値を代入して求めた各増幅回路パラメータの代表的な数値例，および括弧内には，各接地方式の間でそれらを比較した相対的な大小関係を示す．

次に，表の各接地方式を比較して検討する．

① コレクタ接地やドレーン接地の場合，K_v はほぼ1であるが，K_i は大き

表 4.1 各接地方式の増幅回路パラメータ（下段はFET）

バイポーラトランジスタ FET	ベース接地 ゲート接地	エミッタ接地 ソース接地	コレクタ接地（エミッタホロア） ドレーン接地（ソースホロア）
R_{in}	$\dfrac{h_{ie}}{1+h_{fe}}$ 40Ω (小) $r_E+(1-\alpha)r_B$	h_{ie} 2kΩ (中) $r_B+\dfrac{r_E}{1-\alpha}$	$h_{ie}+(1+h_{fe})R_L \approx h_{fe}R_L$ 2.5MΩ (大) $r_B+\dfrac{r_E+R_L}{1-\alpha}$
	$\dfrac{1}{g_m}$ 1kΩ (小)	∞ (大)	∞ (大)
R_{out}	R_L 50kΩ (大)	R_L 50kΩ (大)	$\dfrac{R_L(R_S+h_{ie})}{R_S+h_{ie}+(1+h_{fe})R_L}$ $\approx \dfrac{R_S+h_{ie}}{h_{fe}}$ 1.06kΩ (小) $\approx (1-\alpha)(R_S+r_B)+r_E$
	R_L 50kΩ (大)	R_L (50kΩ) (大)	$\dfrac{1}{g_m}$ 1kΩ (小)
K_v	$\dfrac{h_{fe}}{h_{ie}}R_L$ 1225 (大) $\dfrac{\alpha R_L}{r_E+(1-\alpha)r_B}$	$\dfrac{-h_{fe}}{h_{ie}}R_L$ -1225 (大) $\dfrac{-\alpha R_L}{r_E+(1-\alpha)r_B}$	$\dfrac{h_{fe}R_L}{h_{ie}+(1+h_{fe})R_L}\approx 1$ 0.98 (小) $\dfrac{R_L}{(1-\alpha)r_B+r_E+R_L}$ (≈1)
	$g_m R_L$ 50 (中)	$-g_m R_L$ -50 (中)	$\dfrac{g_m R_L}{1+g_m R_L}\approx 1$ 0.98 (小)
K_i	$\dfrac{h_{fe}}{1+h_{fe}}$ 0.98 (小) α (≈1)	$-h_{fe}$ -49 (大) $-\dfrac{\alpha}{1-\alpha}(=-\beta)$	$1+h_{fe}$ 50 (大) $\dfrac{1}{1-\alpha}$
	1 (小)	$-\infty$ (大)	∞ (大)

い．またこの場合 R_{in} は大きく，R_{out} は小さくなる．すなわち電圧利得は1で，インピーダンスを変換する働きがあり，また出力電圧は負荷にかかわらずほとんど一定にできるため電圧源としての出力回路に有効である．

② ベース接地やエミッタ接地では，ともに電圧利得は大きい．他方FETでのゲート接地やソース接地の場合は，一般にバイポーラトランジスタの場合ほど大きな電圧利得を得ることはできない．これらの回路では，R_{out} は，ほぼ負荷抵抗 R_L の値と等しくなり，大きくできる．なお，表4.3の式ではトランジスタのコレクタ抵抗 r_C やドレーン抵抗 r_D を無視しているが，それらを考慮する場合はこれらと R_L の並列抵抗が R_{out} となる．

③ ベース接地やゲート接地に比べ，エミッタ接地やソース接地では R_{in} が大きく，このため K_i も大となる．なおベース接地やゲート接地の場合は入出力間の容量を小さくできるため，高周波増幅に有利な点がある．†

【例題 4.1】 図4.21（a）に示すエミッタ接地で，エミッタに抵抗 R_E を接続した回路に関し，R_{in}, R_{out}, K_v, K_i を求めよ．

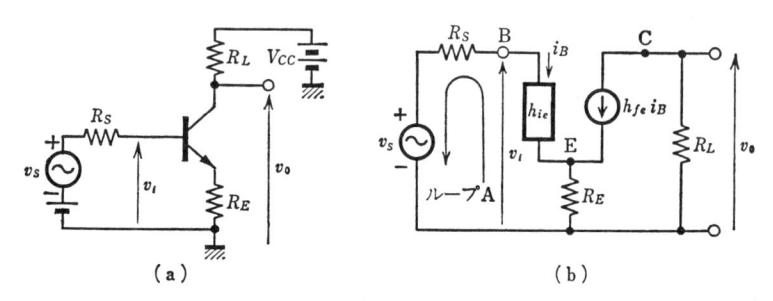

図4.21 エミッタに抵抗 R_E を持つエミッタ接地回路

解 等価回路は同図（b）で，この回路方程式は次のようになる．
$$v_S = i_B R_S + v_i = i_B(R_S + h_{ie}) + (1 + h_{fe})i_B R_E$$
$$v_0 = -h_{fe} i_B R_L$$

---

† 4.3.3参照

4.2 基本回路

これをもとに以下のように各パラメータが求まる.

$$R_{in} = \frac{v_i}{i_B} = h_{ie} + (1+h_{fe})R_E \tag{4.37}$$

$$R_{out} = R_L \tag{4.38}$$

$$K_v = \frac{v_0}{v_i} = -\frac{h_{fe}R_L}{h_{ie}+(1+h_{fe})R_E} \tag{4.39}$$

$$K_i = -h_{fe} \tag{4.40}$$

式 (4.37) や式 (4.39) は, $h_{ie} \ll (1+h_{fe})R_E$, $h_{fe} \gg 1$ が成立すれば, 次のようになる.

$$R_{in} \approx h_{fe}R_E \tag{4.41}$$

$$K_v = -\frac{R_L}{R_E} \tag{4.42}$$

これから, 電圧増幅度 K_v は, コレクタに接続した抵抗 R_L とエミッタに接続した抵抗 R_E の比となることがわかる. なお, 式 (4.41) の R_{in} はコレクタ接地の場合 (式(4.23)) と同じである. ◇

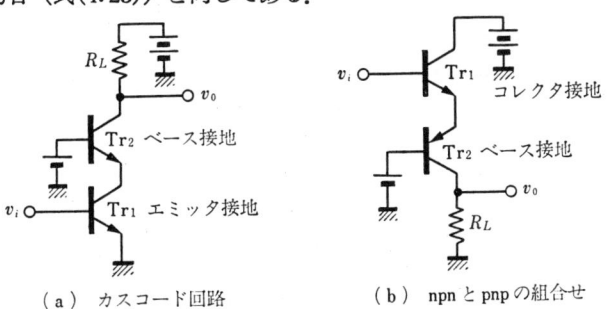

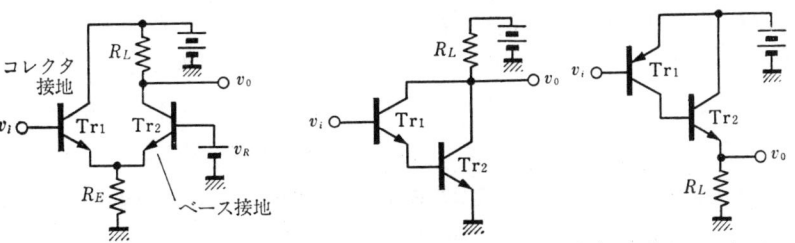

(a) カスコード回路

(b) npn と pnp の組合せ

(c) 差動増幅回路

(d) ダーリントン接続

(e) 相補トランジスタによるダーリントン接続

図 4.22 各種接地方式の組合せ

今まで述べてきた接地方式を組み合わせ,いろいろな回路を構成できる.図4.22はその例で[†],(a)は**カスコード回路**(cascode circuit)と呼ばれ,入出力間の容量が小さいというベース接地の特長を生かして,高周波増幅などに用いられる.(c)については4.3.2の差動増幅回路の項であらためて説明する.(d)や(e)のように二つのトランジスタを直接接続したものは,**ダーリントン接続**(darlington connection)と呼ばれ,等価的に大きなβを持つトランジスタとして働く[††].なお(b)や(e)のような,npnトランジスタとpnpトランジスタを組み合わせた使用法も可能である.このような互いに逆の特性を持つトランジスタは**相補トランジスタ**(complementary transistor)と呼ぶ.

4.2.2 増幅回路の構成法とバイアス回路
(1) 増幅回路の構成法

図4.23は増幅回路の構成法について整理したものである.

(a)は,駆動用トランジスタとその負荷からなる,最も多く用いられる回路である.負荷には,抵抗Rのほか,コイルL,トランス,LC共振回路などの線形素子,さらにはトランジスタなどの非線形素子も用いられる.トランジスタの特性を負荷として使用した場合は,図4.24の例に示すように,その非線形性を利用し,電源電圧を大きくせずに等価的に大きな負荷抵抗(微分抵抗)を実現し,利得を大きくできる利点があり,**能動負荷**(active load)と呼ばれる.このほか,負荷トランジスタに制御電圧を加えた可変負荷を持つ回路は,ダイナミック回路と呼ばれディジタル回路に用いられることがある.

(b)は,pnpとnpnの互いに逆の特性を持つトランジスタを組み合わせ,駆動用兼負荷用としてこれらのトランジスタを用いる,**相補形回路**(complementary circuit)である.逆の特性を持つpチャネルとnチャネルのMOSFETを用いた,CMOS回路と呼ばれるものはその代表的なものである.

(c)は**エミッタ(ソース)結合形回路**(emitter (source) coupled circit)

[†] 演習問題の4.3.4.4, 4.5でそれぞれ図4.22の(a), (b), (d)の回路を解析する.
[††] 4.3.4(図4.54)で説明.

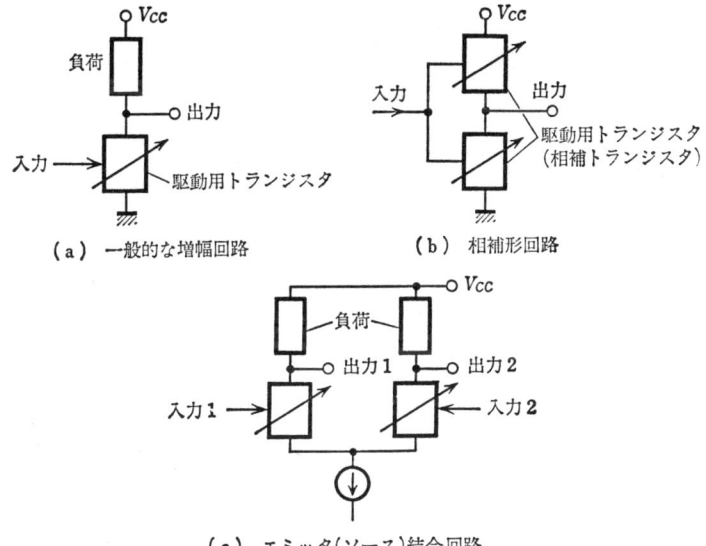

4.2 基本回路

図 4.23 増幅回路の構成法
(a) 一般的な増幅回路
(b) 相補形回路
(c) エミッタ(ソース)結合回路

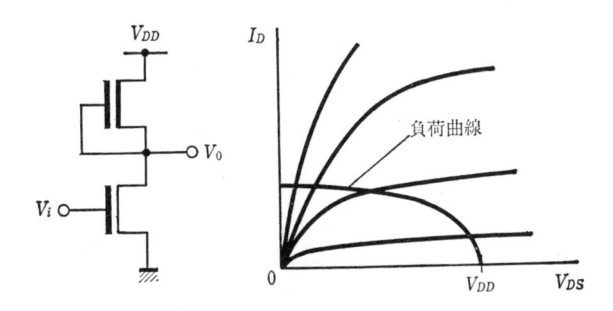

図 4.24 能動負荷を持つ増幅回路 (MOSFET 増幅回路の例)

と呼ばれるもので，二つの入力電圧の差を増幅する働きをする[†]．

(2) バイアス回路

交流増幅回路では，トランジスタをある動作点にしておき，これに微小信号

[†] これを用いたものに，4.3.2 の差動増幅回路や，Ⅱ巻 10.2.3 で述べる ECL 回路がある．

電圧を印加し増幅する†．この動作点を設定する回路が**バイアス回路**（biasing circuit）であり，図4.25には代表的なバイアス回路を示す．交流信号は図中の破線のコンデンサを通して入・出力する．

バイアス回路で目標とすることは，動作点の電圧や電流が，トランジスタの違いによっても変わりにくいこと，および温度や電源電圧の変動でも，動作点が変化しにくく，動作許容範囲が広いことである．なお前者は，トランジスタ

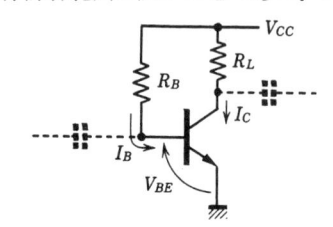

（a）固定バイアス回路

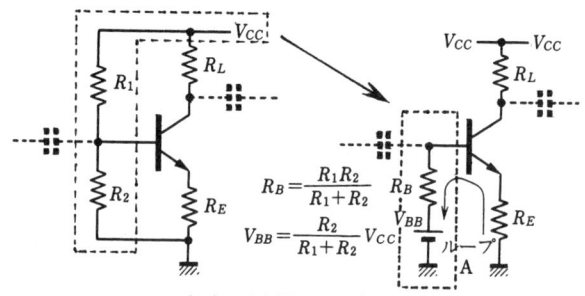

$$R_B = \frac{R_1 R_2}{R_1 + R_2}$$

$$V_{BB} = \frac{R_2}{R_1 + R_2} V_{CC}$$

（b）電流帰還バイアス回路

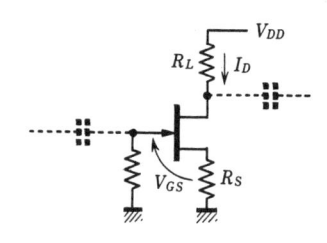

（c）自己バイアス回路

図4.25　バイアス回路

---

† 1章参照

の特性（デバイスパラメータ）にばらつきがあっても，個々の増幅器ごとに調整しないでも正しく動作させうることを意味する．

バイアス回路が上の目標にどの程度近いかを表すのに，**安定指数**（stability factor）S が用いられる．トランジスタの違いによるコレクタ電流変化 ΔI_C を考えると，これは各デバイスパラメータの違い（$\Delta \beta$, ΔV_{BE}, ΔI_{CO} など）に対するそれぞれの安定指数（S_β, $S_{V_{BE}}$, $S_{I_{CO}}$ など）を用いて，次のように表される．

$$\Delta I_C = \frac{\partial I_C}{\partial \beta}\Delta \beta + \frac{\partial I_C}{\partial V_{BE}}\Delta V_{BE} + \frac{\partial I_C}{\partial I_{CO}}\Delta I_{CO} + \cdots$$
$$= S_\beta \Delta \beta + S_{V_{BE}}\Delta V_{BE} + S_{I_{CO}}\Delta I_{CO} + \cdots \quad (4.43)$$

また温度や電源電圧の変化（ΔT, ΔV_{CC}）に対しても同様で，以下のように表せる．

$$\Delta I_C = \frac{\partial I_C}{\partial T}\Delta T + \frac{\partial I_C}{\partial V_{CC}}\Delta V_{CC}$$
$$= S_T \Delta T + S_{V_{CC}}\Delta V_{CC} \quad (4.44)$$

図4.25（a）は最も簡単なもので，**固定バイアス回路**と呼ばれる．I_B, I_C はそれぞれ式（4.45）のようになり，目標とする I_C の値からバイアス抵抗 R_B の値を決定する．なお V_{BE} は約 0.7V であるが，これは V_{CC} より小さいとして省略し，式の右側のように近似することもできる．

$$\left.\begin{array}{l}I_B = \dfrac{V_{CC} - V_{BE}}{R_B} \approx \dfrac{V_{CC}}{R_B} \\[8pt] I_C = \beta I_B \approx \dfrac{\beta V_{CC}}{R_B}\end{array}\right\} \quad (4.45)$$

これから安定化指数の一つである S_β を求めてみると，以下のようになる．

$$S_\beta \equiv \frac{\partial I_C}{\partial \beta} \approx \frac{V_{CC}}{R_B} \quad (4.46)$$

次に，最もよく用いられる**電流帰還バイアス回路**について説明する．図4.25（b）にその回路を示すが，これはベース端子に接続された R_1 と R_2 からなる回路を，鳳-テブナンの定理で書き換え，図の右のように考えることができる．この図でループAに関する回路方程式は，次のようになる．

$$V_{BB} = R_B I_B + V_{BE} + R_E(I_C + I_B)$$

ここで, V_{BB}, R_B, I_B を書き換えると次式のようになり, これからさらに, 下の I_C を表す式を作ることができる.

$$\frac{R_2 V_{CC}}{R_1+R_2} = \frac{R_1 R_2}{R_1+R_2} \times \frac{I_C}{\beta} + V_{BE} + R_E\left(I_C+\frac{I_C}{\beta}\right)$$

$$I_C = \frac{\beta R_2 V_{CC} - \beta V_{BE}(R_1+R_2)}{R_1 R_2 + R_E(R_1+R_2)(1+\beta)} \tag{4.47}$$

ここで次のように近似できる場合は, I_C を下の単純な式で表すことができる.

$$V_{BE} \ll \frac{R_2 V_{CC}}{R_1+R_2}, \quad \beta \gg 1, \quad R_B\left(=\frac{R_1 R_2}{R_1+R_2}\right) \ll R_E(1+\beta)$$

$$I_C \approx \frac{R_2 V_{CC}}{R_E(R_1+R_2)} \left(=\frac{V_{BB}}{R_E}\right) \tag{4.48}$$

安定化指数の一つ S_β は, 近似した式 (4.48) から求めれば 0 であり, また式 (4.47) から計算しても, 式 (4.46) による固定バイアス回路の S_β よりは十分小さい. 式 (4.48) に用いた近似からわかるように, R_1, R_2 の値が R_E に比べて小さいほど S_β を小さくできる. このほか β は温度で変化するため, S_β が小さいことで温度に対する安定化指数 S_T も, 電流帰還バイアス回路の方がすぐれていることになる.

なおこのほかに, **電圧帰還バイアス回路**があり, これは負帰還によってコレクタ電流の変動をおさえる働きがある†.

FET は電圧制御デバイスであるため, 図 4.25 (a) のような電流による固定バイアス回路でなく, 抵抗分割で必要なゲート電圧を設定した (b) のようなバイアス回路が用いられる. なお接合形 FET のようなデプリーション形の場合は, (c) の**自己バイアス回路**も使用可能である††. I_D は, 次のような FET の特性を表す式 (2.29) と, 回路方程式とから V_{GS} を消去することによって求まる.

$$I_D = I_{D0}\left(1-\frac{V_{GS}}{V_P}\right)^2$$

---

† 問 4.14 参照.
†† この場合のドレーン電流 I_D の求め方は, 図 3.3 で図式解法の例として説明した.

$$V_{GS} = -I_D R_S$$

4.3 各種増幅回路

4.3.1 交流増幅回路

交流信号のみを増幅する交流増幅回路では，**結合コンデンサ**（coupling condenser）または結合トランスを介して信号が伝わり，直流電圧は伝わらない．このため，各段ごとに独立にバイアス電圧を決めることができる[†]．

図4.26（a）には結合コンデンサ C_C を用いた **RC 結合増幅回路**（RC coupled amplifier）の，また（b）には**トランス結合増幅回路**（transformer coupled amplifier）のそれぞれの原理と例を示す．前者が特によく使用されるので，以下ではこれについて説明する．

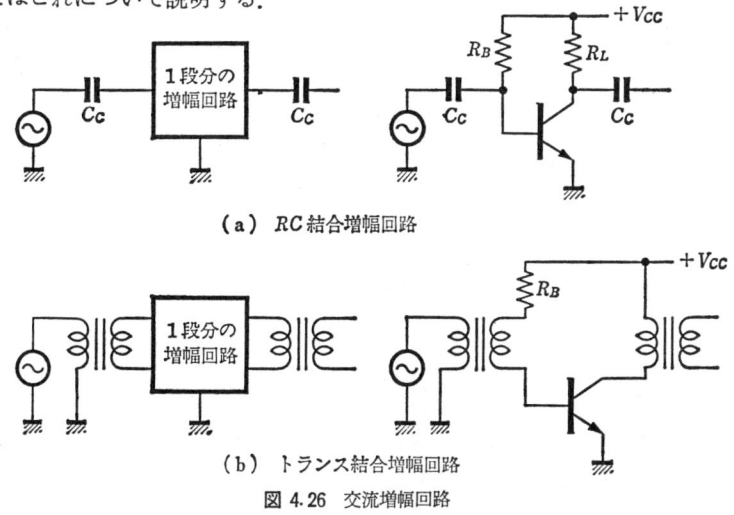

(a) RC 結合増幅回路

(b) トランス結合増幅回路

図 4.26　交流増幅回路

(1) バイポーラトランジスタによる RC 結合増幅回路

電流帰還バイアス回路を用いた RC 結合による2段の増幅回路の例と，増幅する周波数帯域（中間周波数帯）でのその等価回路を図4.27に示す．この周波

[†] 4.2.2（2）バイアス回路参照．

数帯では回路内の C_C や C_E のインピーダンスは十分小さく,零とみなすことができる.なお R_E に並列のコンデンサ C_E は,**バイパスコンデンサ** (bypass condenser) と呼ばれ K_v を大きくする働きがある.すなわち C_E のために R_E が短絡されることになり,式 (4.42) の関係から K_v は大きくできる.

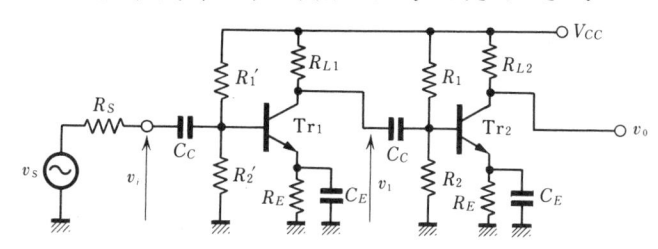

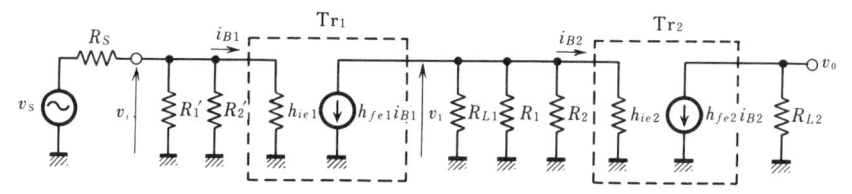

図 4.27 電流帰還バイアス回路を用いた RC 結合 2 段増幅回路とその等価回路

図 4.27 で 1 段目の利得 K_{10} と 2 段目の利得 K_{20} はそれぞれ次のように表され,総合利得はそれらの積で $K_{10}K_{20}$ となる.

$$K_{10} = \frac{v_1}{v_i} = -\frac{h_{fe1}(R_{L1}\|R_1\|R_2\|h_{ie2})}{h_{ie1}} \tag{4.49}$$

$$K_{20} = \frac{v_0}{v_1} = -\frac{h_{fe2}}{h_{ie2}}R_{L2} \tag{4.50}$$

1 段目の増幅回路では,交流信号に対する負荷抵抗は,R_{L1} と次段の入力抵抗 ($R_1\|R_2\|h_{ie2}$) の並列抵抗となる.このため利得 K_{10} を求めるには,図 4.28 のように,動作点を通り上記の並列抵抗の傾きで描いた**動的負荷直線** (dynamic load line) を考えればよく,K_{10} は式 (4.49) となる.

次に,増幅器の低域しゃ断周波数近くでの動作について図 4.27 の 2 段目の回路を例に説明する.C_C や C_E によって低域しゃ断周波数が決まるが,単純化するために C_C と C_E のどちらかだけが影響するものとして,それぞれの場合を解析する.

4.3 各種増幅回路

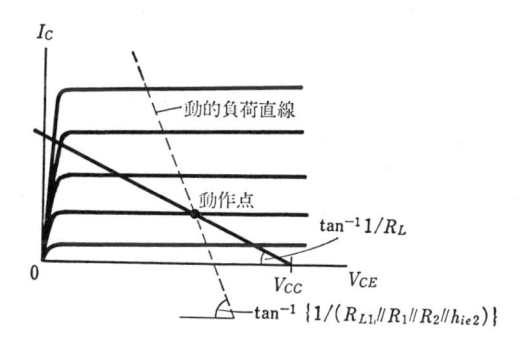

図 4.28 交流信号に対する動的負荷直線

(a) 結合コンデンサ C_C の影響

図 4.29 (a) には C_C を考えた等価回路を示してあり，次のような回路方程式が成立する．

$$v_1 = h_{ie2} i_{B2} + \frac{1}{j\omega C_C}\left(\frac{h_{ie2} i_{B2}}{R_1 \| R_2 \| h_{ie2}}\right)$$

$$v_0 = -R_{L2} h_{fe2} i_{B2}$$

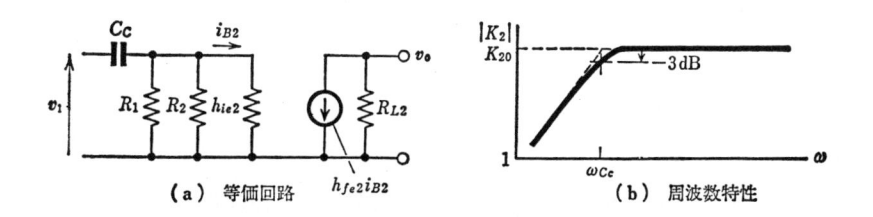

図 4.29 結合コンデンサ C_C の影響（低域しゃ断周波数近傍）

これから，電圧利得 K_2 は次のように表される．

$$K_2 = \frac{v_0}{v_1} = -\frac{\dfrac{h_{fe2}}{h_{ie2}} R_{L2}}{1 + \dfrac{1}{j\omega C_C (R_1 \| R_2 \| h_{ie2})}} = \frac{K_{20}}{1 - j\dfrac{\omega_{C_C}}{\omega}} \quad (4.51)$$

ここで，K_{20} は式 (4.50) に示した，中間周波数帯での 2 段目の利得である．

また ω_{C_C} は，次のように表される低域しゃ断角周波数であり，周波数特性は図 4.29（b）のようになる．

$$\omega_{C_C} = \frac{1}{C_C(R_1 \| R_2 \| h_{ie2})} \tag{4.52}$$

（b）バイパスコンデンサ C_E の影響

C_E を考えた等価回路を図4.30（a）に示す．この回路方程式は次のようになり，これから電圧利得 K_2 の式を得ることができる．

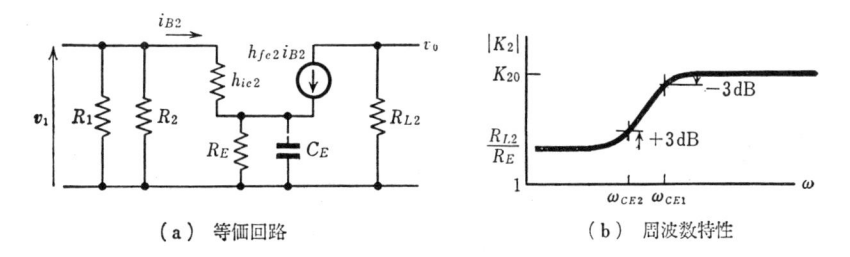

（a）等価回路　　　　　　　　　（b）周波数特性

図 4.30 バイパスコンデンサ C_E の影響（低域しゃ断周波数近傍）

$$v_1 = h_{ie2} i_{B2} + (1+h_{fe2}) i_{B2} \left(\frac{1}{\frac{1}{R_E} + j\omega C_E} \right)$$

$$v_0 = -h_{fe2} i_{B2} R_{L2}$$

$$K_2 = \frac{v_0}{v_1} = -\frac{h_{fe2} R_{L2}}{h_{ie2} + (1+h_{fe2})\dfrac{R_E}{1+j\omega C_E R_E}}$$

$$= -\frac{h_{fe2} R_{L2}}{h_{ie2}} \frac{1+j\omega C_E R_E}{\dfrac{(1+h_{fe2})R_E}{h_{ie2}} + 1 + j\omega C_E R_E}$$

$$= -\frac{h_{fe2} R_{L2}}{h_{ie2}} \frac{1 + \dfrac{1}{j\omega C_E R_E}}{1 + \dfrac{1}{j\omega C_E \dfrac{h_{ie2} R_E}{h_{ie2}+(1+h_{fe2})R_E}}} = K_{20} \frac{1 - j\dfrac{\omega_{CE2}}{\omega}}{1 - j\dfrac{\omega_{CE1}}{\omega}}$$

$$\tag{4.53}$$

ここで，ω_{CE2}，ω_{CE1} は次のようになる．

4.3 各種増幅回路

$$\omega_{CE2} = \frac{1}{C_E R_E}, \quad \omega_{CE1} = \frac{h_{ie2} + (1+h_{fe2})R_E}{C_E h_{ie2} R_E} \tag{4.54}$$

周波数特性は図4.30(b)に示してあるが, ω_{CE2} 以下の角周波数では, 利得は一定値 $K_{20}\omega_{CE2}/\omega_{CE1}(h_{ie2}+R_E \ll h_{fe2}R_E$ では $R_{L2}/R_E)$ となることがわかる.

次に, 高域しゃ断周波数近くでの動作について説明する. 高い周波数ではトランジスタや配線の寄生容量が問題になる. なおさらに高い周波数では, リード線のインダクタンスなども問題となるが, これについては4.3.3で述べる.

拡散容量や接合容量などのトランジスタの寄生容量を含むハイブリッドπ形モデルを図2.31で説明した. このモデルを用いた高周波帯での等価回路を図4.31に示してある. 図の破線内がトランジスタであり, また C_0 は配線容量などを含む出力端子の容量である.

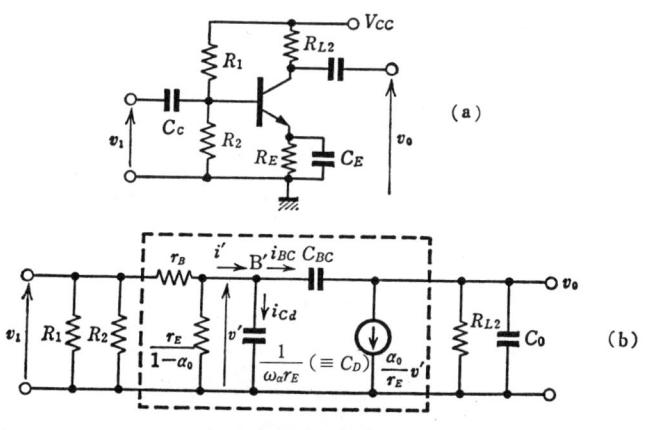

図 4.31 増幅回路とその高域しゃ断周波数近くの動作を表す等価回路

この図では, 次のような回路方程式が成立する.

$$i' = i_{Cd} + i_{BC} = j\omega C_D v' + j\omega C_{BC}(v' - v_0)$$

また, C_{BC} のインピーダンス $(1/\omega C_{BC})$ が R_{L2} より十分大きいとして, 図4.31(b)で出力側へ流れる電流 i_{BC} と C_0 の影響を無視すると v_0 は次のようになる.

$$v_0 \approx -\frac{\alpha_0}{r_E} v' \frac{R_{L2}}{1+j\omega C_0 R_{L2}} \tag{4.55}$$

上の2式で v_0 を消去し, i' と v' の関係を求めると,

$$i' = j\omega\left[C_D + \left(1 + \frac{\alpha_0 R_{L2}}{r_E}\right)C_{BC}\right]v'$$

式（4.55）より $-\alpha_0 R_{L2}/r_E$ は，図の点 B′ から出力端子への電圧利得に相当する．この値は負であり，これを A とすると i' は次のようになる．

$$i' = j\omega[C_D + (1-A)C_{BC}]v'$$

これから，入力端子から見た実効的な容量は $C_D + (1-A)C_{BC}$ となることがわかる．すなわち入出力間の容量 C_{BC} は $(1-A)$ 倍となり，A が負であると，大きな容量を持ったコンデンサが入力端子につながっていることに等価になる．

これを一般的に述べると，コンデンサ C を A 倍の電圧利得を持つ増幅器に図4.32のように接続した時，それによる入力容量 C_{in} は C の $(1-A)$ 倍となり，これをミラー効果 (Miller effect)，$(1-A)C$ をミラー容量と呼ぶ†．

図4.31の等価回路はミラー容量を用いて，図4.33（a）のように書き換えること

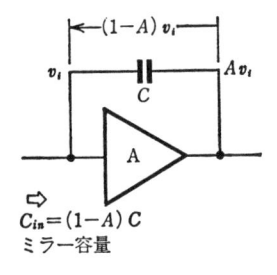

図 4.32　ミラー効果

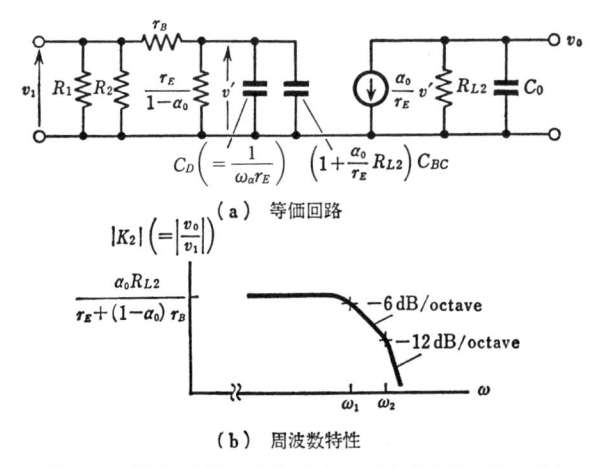

(a) 等価回路

(b) 周波数特性

図 4.33　高域しゃ断周波数近くを表す等価回路とその周波数特性

---

† 4.4 節で説明する負帰還の式 (4.83) や図5.12の積分回路参照のこと．

4.3 各種増幅回路

ができる．この図からv'は次のように表せることになる．

$$v' = \frac{\left[\dfrac{1-\alpha_0}{r_E}+j\omega\left\{C_D+\left(1+\dfrac{\alpha_0}{r_E}R_{L2}\right)\right\}C_{BC}\right]^{-1}}{r_B+\left[\dfrac{1-\alpha_0}{r_E}+j\omega\left\{C_D+\left(1+\dfrac{\alpha_0}{r_E}R_{L2}\right)C_{BC}\right\}\right]^{-1}}v_1$$

$$=\frac{\dfrac{r_E}{1-\alpha_0}}{r_B+\dfrac{r_E}{1-\alpha_0}}\frac{v_1}{1+j\omega\dfrac{r_E r_B}{r_E+r_B(1-\alpha_0)}\left\{\dfrac{1}{\omega_\alpha r_E}+\left(1+\dfrac{\alpha_0}{r_E}R_{L2}\right)C_{BC}\right\}}$$

$$=\frac{r_E v_1}{r_E+(1-\alpha_0)r_B}\frac{1}{1+j\dfrac{\omega}{\omega_1}}$$

ここでω_1は，

$$\omega_1=\frac{r_E+r_B(1-\alpha_0)}{r_E r_B\left\{\dfrac{1}{\omega_\alpha r_E}+\left(1+\dfrac{\alpha_0}{r_E}R_{L2}\right)C_{BC}\right\}}$$

またv_0とv'の関係は次のようになる．

$$v_0=-\frac{\alpha_0}{r_E}v'\cdot\frac{1}{\dfrac{1}{R_{L2}}+j\omega C_0}$$

$$=-\frac{\alpha_0 R_{L2}v'}{r_E}\cdot\frac{1}{1+j\omega C_0 R_{L2}}$$

$$=-\frac{\alpha_0 R_{L2}v'}{r_E}\cdot\frac{1}{1+j\dfrac{\omega}{\omega_2}}$$

ここでω_2は，

$$\omega_2=\frac{1}{C_0 R_{L2}}$$

v_0の式に上のv'の式を代入すると，次式のようになり，周波数特性は図4.33 (b)で表される．

$$v_0=-\underbrace{\frac{\alpha_0 R_{L2}v_1}{r_E+(1-\alpha_0)r_B}}_{A}\underbrace{\left(\frac{1}{1+j\dfrac{\omega}{\omega_1}}\right)}_{B}\underbrace{\left(\frac{1}{1+j\dfrac{\omega}{\omega_2}}\right)}_{C} \quad (4.56)$$

上式のAは式（4.50）のK_{20}にあたり，またBはトランジスタの寄生容量の

影響，Cは配線容量のような出力端子の容量の影響である．

以上述べてきた，低域しゃ断周波数や高域しゃ断周波数近くでの特性を総合すると，図4.3で示したような周波数特性となる．

（2） FETによる RC 結合増幅回路

接合形FETを用いた，図4.34のようなRC結合増幅回路の周波数特性について考える．

図4.35の（a）（b）（c）には，それぞれ中間周波数帯，低域しゃ断周波数近く，および高域しゃ断周波数近くでの等価回路を示す．

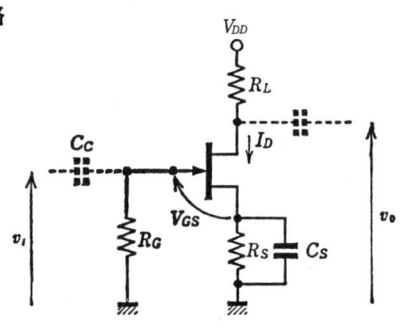

図4.34のR_Sに並列なバイパスコンデンサC_Sは，図4.27のC_Eと同様に増幅度を大きくする働きがある．中間周波数帯では，C_Sのインピーダンスを零とみなすことができ，図2.36（b）に示したFETのモデルを用いた4.35（a）の等価回路から電圧利得K_0は次の

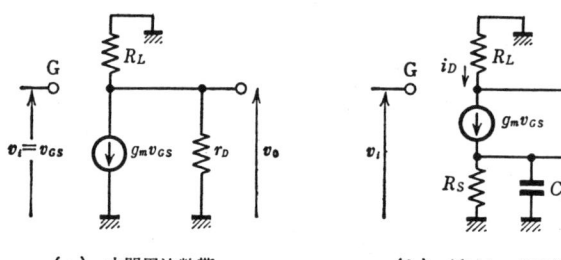

図 4.34　FETによるRC結合増幅回路

（a）中間周波数帯　　　（b）低域しゃ断周波数近く

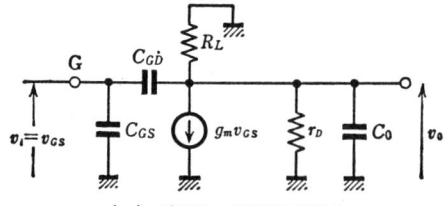

（c）高域しゃ断周波数近く

図 4.35　FET増幅回路の等価回路

ようにに求まる.

$$K_0 = \frac{v_0}{v_i} = -g_m \frac{R_L r_D}{R_L + r_D} \equiv -g_m R_L' \tag{4.57}$$

ここで R_L' は R_L と r_D の並列抵抗である.

 低域しゃ断周波数近くでは,C_C と C_S の影響を考慮する必要があるが,R_G は十分大きくできるので,結合コンデンサ C_C の影響は多くの場合無視できる.図4.35(b)の等価回路で考え,r_D は十分大きいとしてその電流を無視すると,i_D は $g_m v_{GS}$ となり,次のような回路方程式が成り立つ.

$$v_{GS} = -\frac{i_D}{\frac{1}{R_S} + j\omega C_S} + v_i \approx -\frac{g_m R_S v_{GS}}{1 + j\omega C_S R_S} + v_i$$

$$v_0 = -i_D R_L \approx -g_m R_L' v_{GS}$$

上式から,電圧利得 K を求めると以下のようになる.

$$K = \frac{v_0}{v_i} = \frac{-g_m R_L'}{1 + \frac{g_m R_S}{1 + j\omega C_S R_S}} = -\frac{g_m R_L'}{1 + g_m R_S} \frac{1 + j\omega C_S R_S}{1 + j\omega \frac{C_S R_S}{1 + g_m R_S}}$$

$$= -g_m R_L' \frac{1 - j\frac{1}{\omega C_S R_S}}{1 - j\frac{1 + g_m R_S}{\omega C_S R_S}} = K_0 \frac{1 - j\frac{\omega_2}{\omega}}{1 - j\frac{\omega_1}{\omega}} \tag{4.58}$$

ここで,ω_2, ω_1 はそれぞれ次のとおりである.

$$\omega_2 = \frac{1}{C_S R_S}, \quad \omega_1 = \frac{1 + g_m R_S}{C_S R_S}$$

 なお,この周波数特性は,図4.30(b)に示したバイポーラトランジスタの場合と同様になる.

 次に,高域しゃ断周波数近くの特性について考える.図2.36(c)に示したFETの高周波モデルを用い,C_{DS} と出力配線容量の和を C_0 とすると図4.35(c)の等価回路から電圧利得 K は次のようになる.なお K_0 や R_L' は式(4.57)のものと同じである.

$$K = \frac{-g_m R_L'}{1 + j\omega C_0 R_L'} = \frac{K_0}{1 + j\frac{\omega}{\omega_3}} \tag{4.59}$$

$$\omega_3 = \frac{1}{C_0 R_L'}$$

なお，入力容量 C_{in} は，ミラー効果により次のように表されるが，これは前段の回路の負荷容量となり，その周波数特性に影響を及ぼす．

$$C_{in} = C_{GS} + (1 + g_m R_L') C_{GD}$$

4.3.2 直流増幅回路

（1） 直接結合増幅回路

直流を増幅するには，結合コンデンサを使わずに直接各段を結合する**直接結合増幅回路**（direct coupled amplifier）が用いられる．

この回路では，次のようなオフセット電圧やドリフトが問題になる．

オフセット電圧（offset voltage）は，入力電圧が零の時に現れる出力電圧である．その出力電圧を利得で割算し，入力電圧に換算したものを**入力換算オフセット電圧**（equivalent input offset voltage）と呼ぶ．図 4.36（a）には増幅回路の入出力特性上でのそれらの意味を示してある．同図（b）や（c）の例は2段の直接結合増幅回路であるが，オフセット電圧を生じないようにするため，

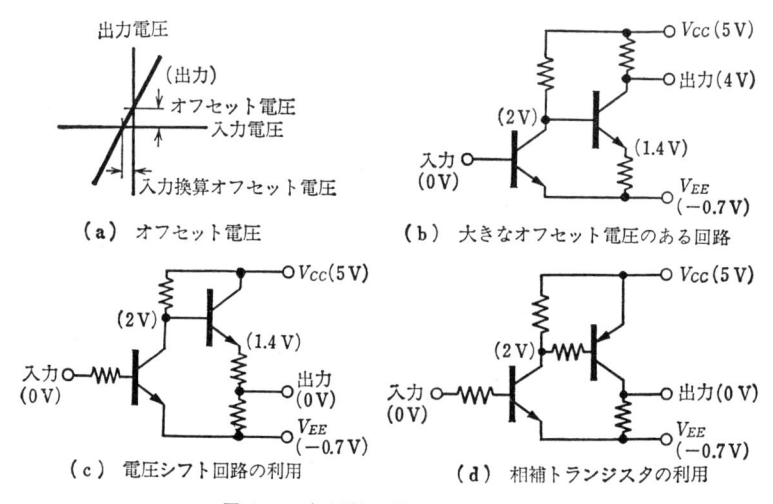

（a） オフセット電圧　　　（b） 大きなオフセット電圧のある回路

（c） 電圧シフト回路の利用　　　（d） 相補トランジスタの利用

図 4.36　直流増幅回路とオフセット電圧

(c)のような電圧シフト回路，あるいは(d)のような相補トランジスタの回路などが必要となる．

温度の変化，電源電圧の変化，経時的なデバイスパラメータの変化などに起因するオフセット電圧の変化を**ドリフト** (drift)，またこれを入力電圧に換算したものを**入力換算ドリフト** (equivalent input drift) と呼ぶ．直流増幅回路では，このドリフトが大きな問題になる．温度変化によるドリフトを少なくするため，**温度補償** (temperature compensation) なども行われるが，以下に述べる**差動増幅回路** (differential amplifier) の利用が，ドリフト低減に特に有効である．

(a) バイポーラトランジスタによる差動増幅回路

図4.37のような，二つのトランジスタによる2入力の平衡増幅回路が差動増幅回路である．二つのトランジスタで，温度などの影響を打ち消し合うため，ドリフトを低減できる．このため，5章で述べる演算増幅回路などの集積回路には，特に多く用いられる．

二つのトランジスタのエミッタ同士を結合し，これに定電流源を接続した回路であり，二つの入力端子間の電位差（差動入力電圧）を増幅する働きをするので，差動増幅回路と呼ばれる．

はじめに，動作に関する定性的な説明を行う．図4.37（a）は，端子2を接

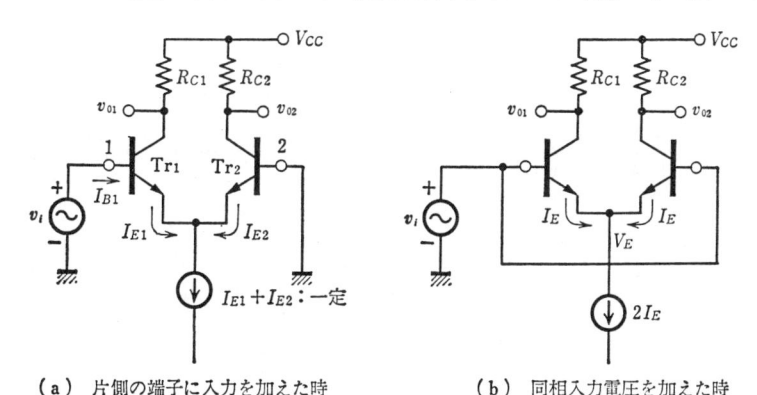

(a) 片側の端子に入力を加えた時　　　　(b) 同相入力電圧を加えた時

図 4.37 バイポーラトランジスタによる差動増幅回路

地し,端子1に電圧v_iを加えた場合である.v_iを正にすると,I_{B1}さらにはI_{E1}が増大し,R_{C1}による電圧降下でv_{01}が低下する.エミッタの定電流源のため$I_{E1}+I_{E2}$は一定であり,I_{E2}はI_{E1}が増加した分減少することになる.このためI_{E2}によるR_{C2}での電圧降下は減り,v_{02}を増加させ,v_{01}とv_{02}には,大きさが等しく逆の位相の出力電圧変化が生じる.

次に,両入力端子に同じ電圧(同相入力電圧)を加えた図4.37(b)の場合を考える.v_iを正にしても,両トランジスタのI_Eは変化できないため,出力電圧v_{01}やv_{02}には変化を生じない.I_Eが変わらないと,ベース-エミッタ間電圧も変わらないため,エミッタ電圧V_Eはv_iに追随して変化することになる.

以下では,等価回路を用い,定量的に動作を理解する.図4.38(a)は,入力電圧v_iを,差動入力電圧成分v_dと同相入力電圧成分v_cに分解して表し,またエミッタの定電流源が理想的でなく内部抵抗R_Eを持つものとした.二つの

(a) 差動増幅回路

(b) 差動入力電圧v_dに対する等価回路

(c) 同相入力電圧v_cに対する等価回路

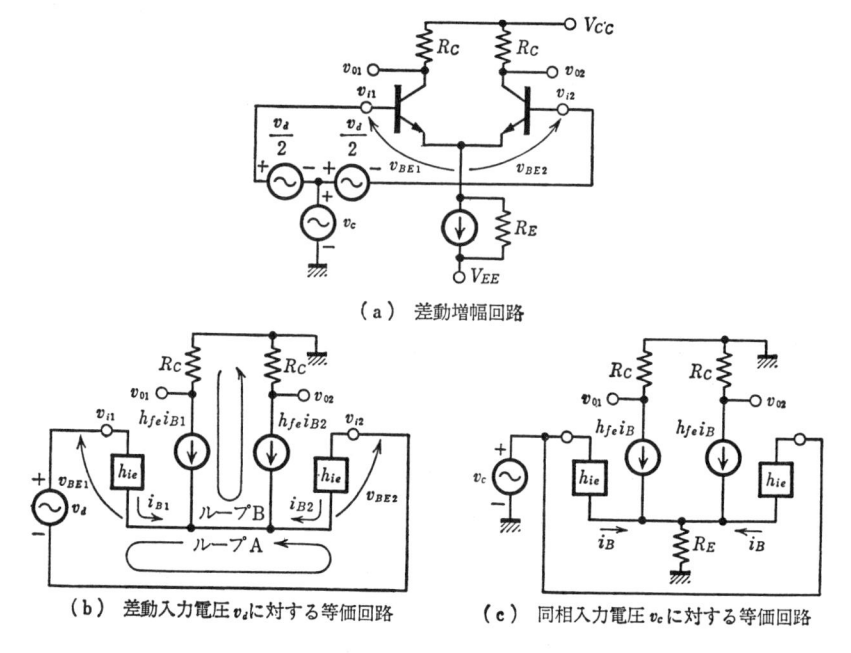

図 4.38 差動増幅回路の等価回路

4.3 各種増幅回路

負荷抵抗は同じで R_C とした．なお図 4.37（a）の v_i は，図 4.38（a）で $v_d=v_i$，$v_c=v_i/2$ とした場合と等価である．すなわち，二つの入力端子の電圧を v_{i1}, v_{i2} とすると，

$$v_d = v_{i1} - v_{i2}, \quad v_c = \frac{v_{i1}+v_{i2}}{2}$$

差動電圧 v_d に着目して，この回路の等価回路を表したものが同図（b）である．なおここでは，R_E は影響が少ないので省略してある．i_{B1} は $-i_{B2}$ であるため，この図のループAの回路方程式は式（4.60）のようになり，また v_{01} や v_{02} は式（4.61）で表される．

$$v_d = 2h_{ie}i_{B1} \tag{4.60}$$

$$\left.\begin{array}{l} v_{01} = -h_{fe}i_{B1}R_C = -\dfrac{h_{fe}R_C}{2h_{ie}}v_d \\[2mm] v_{02} = -h_{fe}i_{B2}R_C = \dfrac{h_{fe}R_C}{2h_{ie}}v_d \end{array}\right\} \tag{4.61}$$

差動利得（differential-mode gain）K_d は，差動入力電圧 $v_{i1}-v_{i2}(=v_d)$ と，二つの出力端子の電位差 $v_{01}-v_{02}$ の比で表され，上式を代入すると以下のようになる．

$$K_d = \frac{v_{01}-v_{02}}{v_{i1}-v_{i2}} = -\frac{h_{fe}R_C}{h_{ie}} \tag{4.62}$$

なお二つの出力端子のうち，片側だけから出力を取り出す場合もある．

差動信号に対する入力抵抗 R_{id} は，式（4.60）より $2h_{ie}$ となる．

次に同相入力電圧 v_c に着目する．図 4.38（c）はその場合の等価回路であるが，エミッタに接続した定電流源の内部抵抗 R_E は**同相利得**（common-mode gain）K_c に大きく影響する．両トランジスタは対称で，同じベース電流 i_B が流れるとすると，式（4.63）が成り立つ．

$$\left.\begin{array}{l} v_c = h_{ie}i_B + 2(1+h_{fe})i_B R_E \\[2mm] i_B = \dfrac{v_c}{h_{ie}+2(1+h_{fe})R_E} \end{array}\right\} \tag{4.63}$$

同相利得 K_c である $v_{01}/v_c(=v_{02}/v_c)$ は以下のように表される．

$$K_c = \frac{v_{01}}{v_c} = \frac{-h_{fe}i_B R_C}{v_c} = \frac{-h_{fe}R_C}{h_{ie}+2(1+h_{fe})R_E} \tag{4.64}$$

同相信号に対する入力抵抗 R_{iC} は, v_c/i_B で, これは式 (4.63) から, $h_{ie}+2(1+h_{fe})R_E$ と大きな値になる。また式 (4.64) より, エミッタの定電流源を理想に近づけて R_E を大きくするほど, 同相利得の小さなすぐれた差動増幅回路となることがわかる.

以上の同相利得の解析では, 二つのトランジスタが対称, すなわち両方の特性が等しいとしたが, これに違いがあると, 同相入力電圧 v_c によって出力端子間に電位差 $v_{01}-v_{02}$ を生じることになる. この利得, すなわち**同相差動変換利得** (common-mode to differential-mode gain) K_{cd} は式 (4.65) のようになる. またこれと差動利得 K_d との比は, **同相分除去比** CMRR (Common Mode Rejection Ratio) または**弁別比**と呼ばれ, 差動増幅回路のよさを表す指数として用いられる.

$$K_{cd} = \frac{v_{01}-v_{02}}{v_c} = \frac{2(v_{01}-v_{02})}{v_{i1}+v_{i2}} \tag{4.65}$$

$$\mathrm{CMRR} \equiv \frac{K_d}{K_{cd}} \tag{4.66}$$

なお, 出力の片側にだけ着目して CMRR を定義する場合もある. この場合 CMRR は次のような, 差動利得 K_d' と同相利得 K_c' の比とする.

$$\mathrm{CMRR} \equiv \frac{K_d'}{K_c'}, \quad K_d' = \frac{v_{01}}{v_{i1}-v_{i2}}, \quad K_c' = \frac{2v_{01}}{v_{i1}+v_{i2}}$$

(b) FET 差動増幅回路

FET を用いた差動増幅回路と, その等価回路を図 4.39 に示す. なお図では FET のドレーン抵抗 r_D は省略してある.

ループ B とループ A の回路方程式は次式で与えられる.

$$g_m v_{GS1} = -g_m v_{GS2}$$

$$v_i = v_{GS1} - v_{GS2}$$

これから, 出力電圧 v_{01}, v_{02} と差動利得 K_d は, 以下のように求まる.

$$v_{01} = -R_D g_m v_{GS1} = -\frac{R_D g_m}{2} v_i$$

$$v_{02} = -R_D g_m v_{GS2} = \frac{R_D g_m}{2} v_i$$

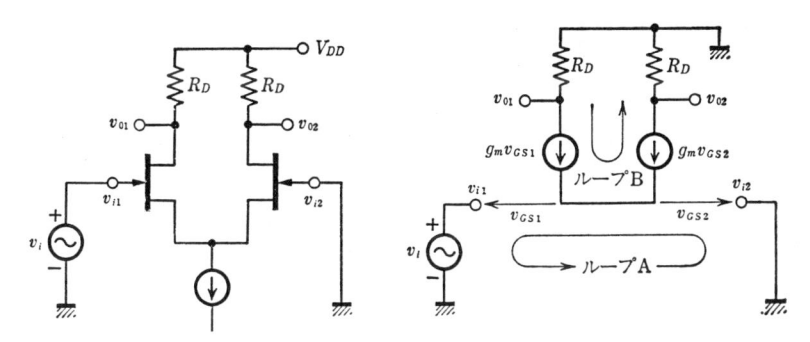

図 4.39 FET差動増幅回路とその等価回路

$$K_d = \frac{v_{01} - v_{02}}{v_i} = -g_m R_D \qquad (4.67)$$

(2) 変調形（チョッパ）増幅回路

　直流増幅回路のドリフトやオフセットを小さくする方法として，図4.40のように信号電圧の振幅を持つ交流信号を作り，これをドリフトの問題がない交流増幅器で増幅した後，逆にその振幅から信号成分を再生する**変調形（チョッパ）増幅回路** (chopper amplifier) がある．このように，交流電圧の振幅などを信号で変化させることを**変調** (modulation) と呼ぶ．図のように，周期的に入力信号の電位と基準の電位（接地電位）とを切り換えて交流信号を作る操作は，いわば零レベルに対する較正を周期的に行っていることにも相当し，これによって低ドリフト化していると考えることもできる．また逆に交流信号から信号成分を再生することは**復調** (demodulation) と呼ばれ，図4.40の例では変調器と同じ周期でスイッチを切り換える同期整流による方式が用いられている．この変調器や復調器には，トランジスタなどによる**アナログスイッチ**[†] (analog switch) が用いられる．

　なお変調形増幅回路で増幅可能な上限周波数 f_u は，変換する交流の周波数 f_C に依存し，その関係は次の**サンプリング定理** (sampling theorem) で表される．

[†] Ⅱ巻の8.3で説明する．

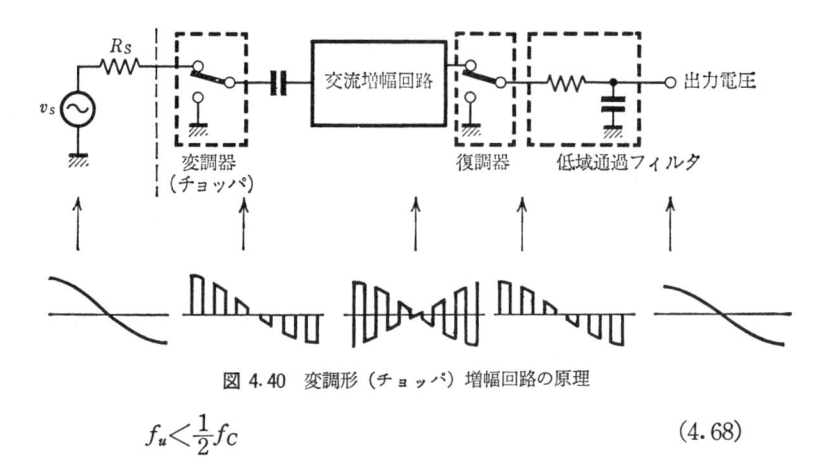

図 4.40 変調形（チョッパ）増幅回路の原理

$$f_u < \tfrac{1}{2} f_c \tag{4.68}$$

4.3.3 同調増幅回路

特定の周波数成分だけを増幅するには，**同調増幅回路**（tuned amplifier）または選択増幅回路と呼ばれる回路が使用される．主要な用途は高周波（無線周波）帯用の増幅であり，コイルとコンデンサによる LC 共振回路を負荷などに使用した LC **同調増幅回路**（LC tuned amplifier）が多く用いられる．

なお抵抗とコンデンサを用いた RC 増幅回路もあり，低周波の同調増幅回路に用いられる[†]．

以下ではまず，高周波の回路解析に適したトランジスタのモデルとデバイスパラメータについて説明し，その後 LC 同調増幅回路について述べる．

（1） 高周波のトランジスタモデルとデバイスパラメータ

先に図2.31において，バイポーラトランジスタの高周波モデルとして，高周波T形モデルやハイブリッド π 形モデルについて説明したが，これらはトランジスタの構造や動作原理に基づいたモデルであった．これに対して低周波用の h パラメータモデルと同様に，トランジスタ内部をブラックボックスとし，入出力の電圧や電流に着目してモデルを作ることもできる．

このモデルの一つが図4.41（a）に示す **Y パラメータモデル**（Y parameter

---

† 問4.16に RC 回路による選択増幅回路（同調増幅回路）の例を示す．

4.3 各種増幅回路

model) である．これは入力電流 i_i, 出力電流 i_0 を，$Y_{11} \sim Y_{22}$ からなるアドミタンス行列と，独立変数としての入力電圧 v_i, 出力電圧 v_0 で次式のように定式化したものである．

$$\begin{bmatrix} i_i \\ i_0 \end{bmatrix} = \begin{bmatrix} Y_{11}, & Y_{12} \\ Y_{21}, & Y_{22} \end{bmatrix} \begin{bmatrix} v_i \\ v_0 \end{bmatrix} \qquad (4.69)$$

(a) Y パラメータモデル　　　　(b) Z パラメータモデル

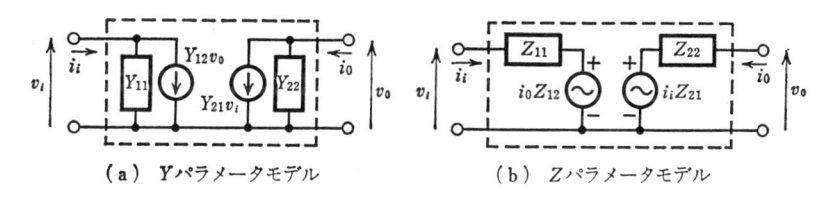

図 4.41　Y パラメータモデルと Z パラメータモデル

$Y_{11} \sim Y_{22}$ は Y パラメータと呼ばれ，以下のような意味をもつ．なお Y_{21} は，4.1 節で述べた変換利得にあたる．

Y_{11}：（出力短絡）入力アドミタンス　　　$\left. \dfrac{i_i}{v_i} \right|_{v_0=0}$

Y_{12}：（入力短絡）逆伝達アドミタンス　　$\left. \dfrac{i_i}{v_0} \right|_{v_i=0}$

Y_{21}：（出力短絡）順伝達アドミタンス　　$\left. \dfrac{i_0}{v_i} \right|_{v_0=0}$

Y_{22}：（入力短絡）出力アドミタンス　　　$\left. \dfrac{i_0}{v_0} \right|_{v_i=0}$

このほか，上の Y パラメータモデルとは逆に，次のように，i_i と i_0 を独立変数に選んだ **Z パラメータモデル**（Z parameter model）を考えることもできる．参考のため，図 4.41（b）にそのモデルを示した．

$$\begin{bmatrix} v_i \\ v_0 \end{bmatrix} = \begin{bmatrix} Z_{11}, & Z_{12} \\ Z_{21}, & Z_{22} \end{bmatrix} \begin{bmatrix} i_i \\ i_0 \end{bmatrix} \qquad (4.70)$$

【**例題 4.2**】　図 4.42（a）に示した FET の高周波微小信号モデルから Y パラメータを求めよ．

解　図 4.42（a）の FET の高周波微小信号モデルで，電流 i_i' は次のように

表される．

$$i_i' = j\omega C_{GD}(v_i - v_0) = -i_0'$$

$j\omega C_{GD}v_i$ と $j\omega C_{GD}v_0$ を電流源で置き換え，これらをそれぞれ出力側と入力側に接続した等価な回路を作成すると，図4.42（b）のようになり，図中に示す各部分からそれぞれの Y パラメータが得られる． ■

（a）FETの高周波微小信号モデル

$Y_{11}=j\omega(C_{GS}+C_{GD}) \quad Y_{12}=-j\omega C_{GD} \quad Y_{21}=g_m-j\omega C_{GD} \quad Y_{22}=j\omega(C_{GD}+C_{DS})+\dfrac{1}{r_D}$

（b）Y パラメータモデルの導出

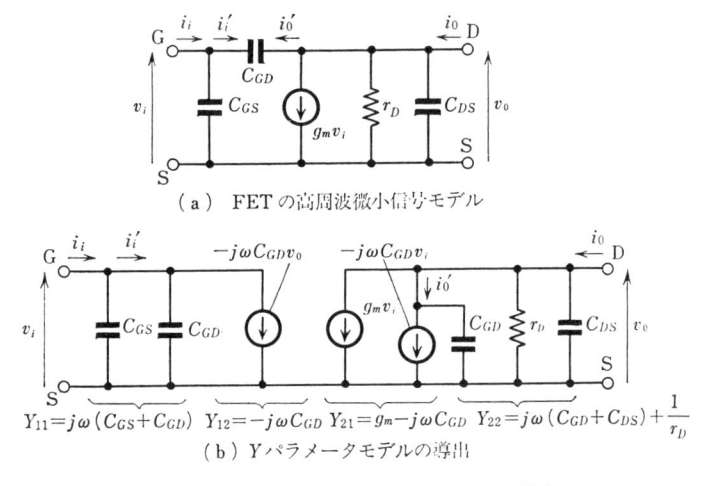

図 4.42　FETにおける Y パラメータモデルの導出

これと同じようにしてバイポーラトランジスタの Y パラメータの値も導出することができる．

この Y パラメータモデルは，1 MHzから100 MHz程度の高周波に用いられるが，さらに高い周波数の超高周波用モデルとしては S パラメータモデル（S parameter model）が使用されるので，これについて触れる．超高周波で波長が極めて短くなると，配線を分布定数線路として扱うことが必要になる．線路インピーダンスとの整合を行い，入力端子や出力端子での反射をおさえて電力増幅する際，設計に好都合なのがこの S パラメータである．

a_i と b_i は入力端子に向かって進む波，および入力端子から逆に出ていく波とし，また a_0, b_0 は出力端子でのそれぞれの波とする．これらの波は電圧波また

は電流波で考える．S_{11}〜S_{22}の四つのSパラメータは次のようなもので，特定の周波数で，入出力端子を整合した条件下で定義される．なおこれらは，先に述べたhパラメータやYパラメータと異なり，入力短絡や出力短絡条件下で定義されていないため，正確にパラメータを測定することができる．

$$\begin{bmatrix} b_i \\ b_0 \end{bmatrix} = \begin{bmatrix} S_{11}, & S_{12} \\ S_{21}, & S_{22} \end{bmatrix} \begin{bmatrix} a_i \\ a_0 \end{bmatrix}$$

$S_{11} : \left. \dfrac{b_i}{a_i} \right|_{a_0=0}$ 　入力反射係数

$S_{12} : \left. \dfrac{b_i}{a_0} \right|_{a_i=0}$ 　逆伝達係数

$S_{21} : \left. \dfrac{b_0}{a_i} \right|_{a_0=0}$ 　順伝達係数

$S_{22} : \left. \dfrac{b_0}{a_0} \right|_{a_i=0}$ 　出力反射係数

（2） LC 同調増幅回路

コイルとコンデンサを並列接続した並列同調回路を負荷に用いたFETによる増幅回路の例を図4.43（a）に，またその等価回路を（b）に示す．この等価回路への書き換えでは，図のFET 2のバイアス用抵抗R_gは十分大きいとして無視し，また図4.42（b）に示したFETのYパラメータモデルのC_{GD}による二つの電流源は小さいとして無視した．（a）の同調回路には，コイルの抵抗分rを考えてあるが，これは次の式（4.71）の関係で（b）のような同調回路の並列抵抗R_Lに等価変換できる．このrとR_Lの関係は，二つの同調回路のQがそれぞれ$\dfrac{\omega_0 L}{r}$，$\omega_0 C R_L$であるためこれらが等しいとして次のように求めることができる．

$$R_L = \frac{L}{Cr} \qquad (4.71)$$

この等価回路から，1段目の電圧利得K_v（$=v_2/v_1$）は図4.43（c）で考えればよいことになり，負荷のインピーダンスをZとすると次式を得る．

$$K_v = \frac{v_2}{v_1} = -g_{m1} Z = \frac{-g_{m1}}{j\omega C' + G' + \dfrac{1}{j\omega L}}$$

ここで C' と G' はそれぞれ次のとおりであり，さらに K_v は以下のように書き換えることができる．

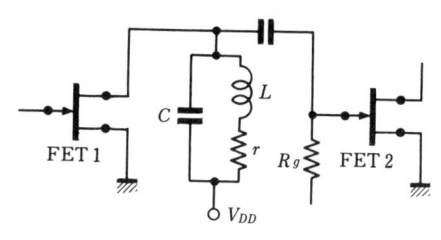

(a) LC同調増幅回路

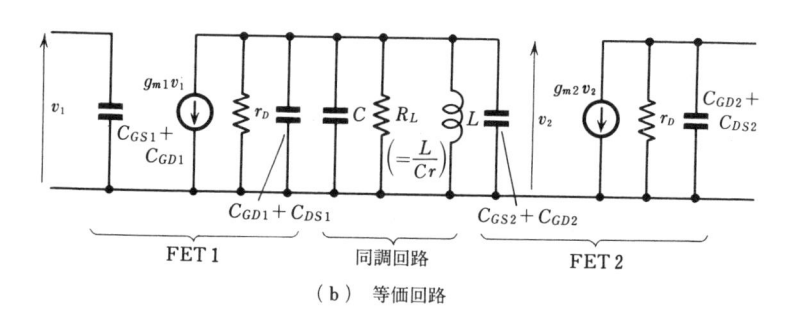

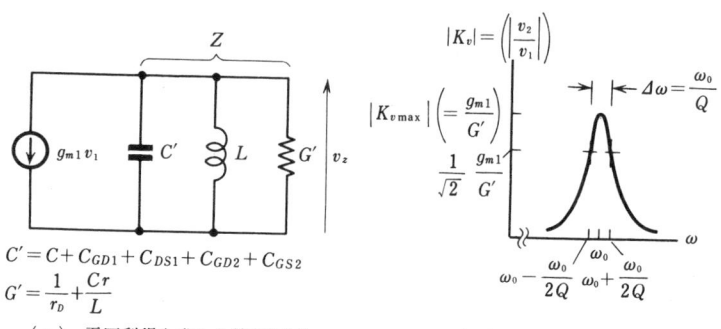

(b) 等価回路

(c) 電圧利得を求める等価回路

$$C' = C + C_{GD1} + C_{DS1} + C_{GD2} + C_{GS2}$$
$$G' = \frac{1}{r_D} + \frac{Cr}{L}$$

(d) 電圧利得の周波数特性

図 4.43 FETを用いたLC同調増幅回路

4.3 各種増幅回路

$$\left.\begin{array}{l} C'=C+C_{GD1}+C_{DS1}+C_{GD2}+C_{GS2} \\ G'=\dfrac{1}{r_D}+\dfrac{Cr}{L} \\ K_v=-\dfrac{g_{m1}}{G'}\times \dfrac{1}{1+jQ\left(\dfrac{\omega}{\omega_0}-\dfrac{\omega_0}{\omega}\right)} \\ \omega_0=\dfrac{1}{\sqrt{LC'}}, \quad Q=\dfrac{\omega_0 C'}{G'}=\dfrac{1}{\omega_0 LG'} \end{array}\right\} \quad (4.72)$$

K_v と ω の関係は,図4.43(d)のようになる.ω が同調角周波数 ω_0 である時 K_v は次のような最大値 $K_{v\max}$ となる.これは同図(c)で C' や L がない状態の K_v と同じである.

$$K_{v\max}=-\dfrac{g_{m1}}{G'} \qquad (4.73)$$

なお図4.43(d)で,ω_0 を中心にした幅 $\varDelta\omega$ の角周波数は**帯域幅**(band width)と呼び,以下のような関係にある.

$$\varDelta\omega=\dfrac{\omega_0}{Q}=G'L\omega_0^2 \qquad (4.74)$$

同調増幅回路の結合の方式には,図4.44(a)のようにトランス結合とコン

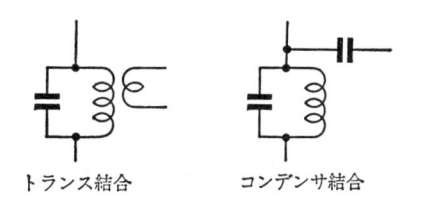

(a) 同調回路の結合の方式

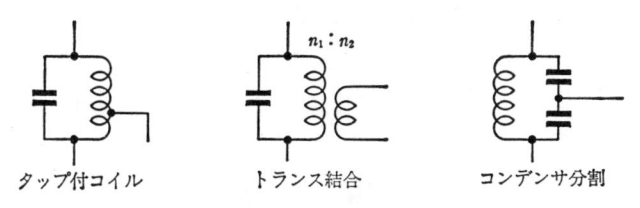

(b) 同調回路の結合におけるインピーダンスの調整法

図4.44 同調回路の結合

デンサ結合がある．

同図（b）には，同調回路のQを大きくして周波数選択特性をよくしたり，整合したりするのに用いられる，インピーダンスの調整法を示してあり，これについては以下でも説明する．

【例題 4.3】 図4.45（a）のタップ付きのトランス結合同調回路を並列回路に等価変換せよ．

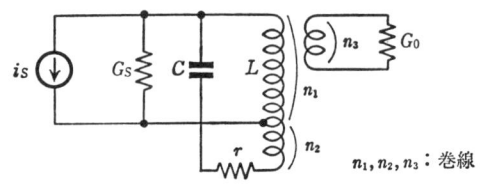

（a）タップ付トランス結合同調回路

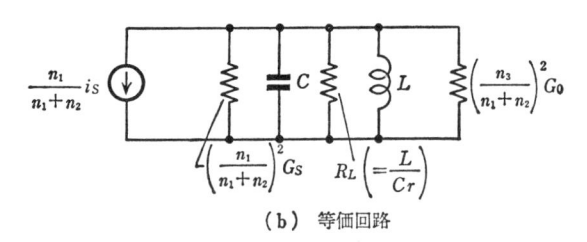

（b）等価回路

図 4.45 同調回路の等価変換

解 同調回路のコイルLの両端に各要素が並列接続された等価回路を求める．コイルの1次側の巻数n_1+n_2と，2次側の巻数n_3の関係から，2次側のコンダクタンスG_0は$[n_3/(n_1+n_2)]^2 G_0$として図のような1次側のコンダクタンスで置き換えられる[†]．同様にして1次側のG_Sや電流源i_Sも等価変換できて，図4.45（b）のようになる．また同調回路の抵抗rもR_Lに変換される[††]． ■

次にバイポーラトランジスタによる同調回路について，図4.46の例で説明する．

バイポーラトランジスタの場合は，入力インピーダンスが小さいため，同図

[†] 図3.12参照．
[††] 図4.43参照．

4.3 各種増幅回路

(a)の例のように，トランス結合で巻数比を変えることによってQの低下を防ぐことが行われる．

トランジスタのYパラメータモデルを適用し等価回路を作成すると，同図(b)となる．ここではYパラメータモデルのY_{12}は無視し，Y_{21}をg_mとして表した．このほかY_{11}はG_iとC_iの並列回路として，またY_{22}はG_0とC_0の並列回路としてある．同調回路の部分には，例題の図4.45で行った等価変換を応用している．図4.46（b）を（c）のように書き直して，図のv_2'/v_1について計算すると，これは式(4.72)と同様で，ωが同調角周波数$\omega_0 (=1/\sqrt{LC'})$の時に得られるv_2'/v_1の最大値$(v_2'/v_1)_{max}$は，式(4.73)から次のようになる．

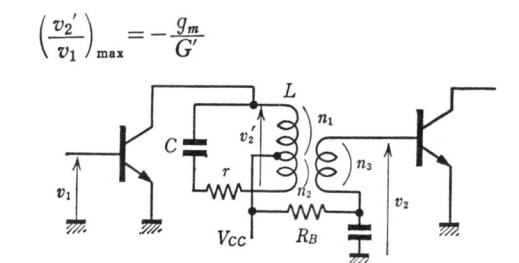

$$\left(\frac{v_2'}{v_1}\right)_{max} = -\frac{g_m}{G'}$$

（a）バイポーラトランジスタによる同調増幅回路

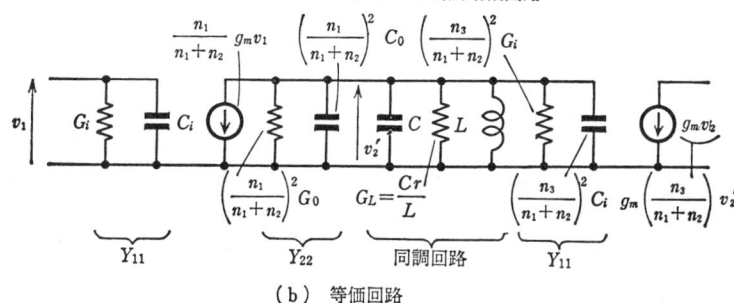

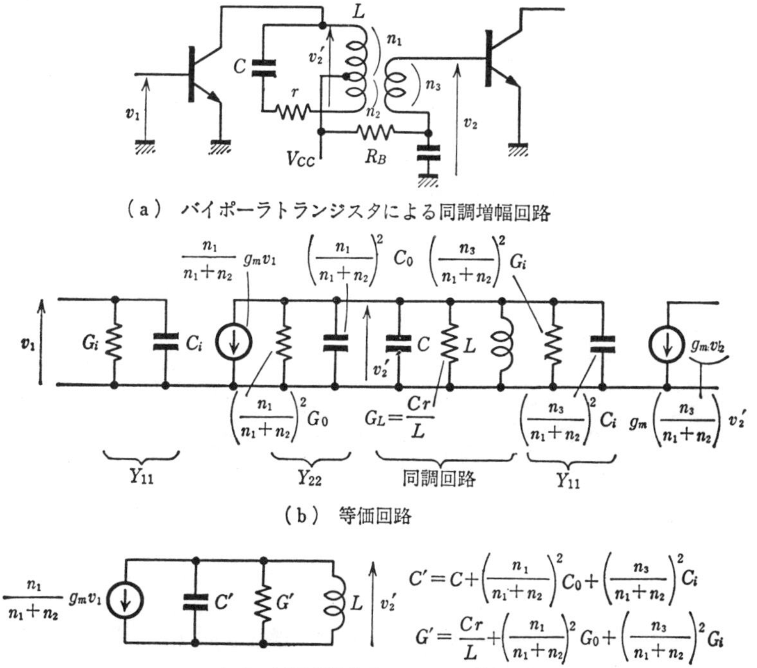

（b）等価回路

（c）電圧利得を求めるための等価回路

図 4.46 バイポーラトランジスタによる同調増幅回路とその等価回路

また v_2 は $v_2' \times n_3/(n_1+n_2)$ であるため，電圧利得 v_2/v_1 の最大値 K_{vmax} が次のように求まる．

$$K_{vmax} = -\frac{g_m}{G'} \times \frac{n_3}{n_1+n_2}$$

なお，用いた C' や G' は以下のとおりである．

$$C' = C + \left(\frac{n_1}{n_1+n_2}\right)^2 C_0 + \left(\frac{n_3}{n_1+n_2}\right)^2 C_i$$

$$G' = \frac{Cr}{L} + \left(\frac{n_1}{n_1+n_2}\right)^2 G_0 + \left(\frac{n_3}{n_1+n_2}\right)^2 G_i$$

以上は一つの同調回路を用いたもので**単一同調回路**と呼ばれる．これに対して，同調回路を二つ使用した図4.47（a）のような**複同調回路**といわれるものがある．両方の同調回路の同調周波数を等しくしておくと，それらの間の結合結数 a の違いで同図（b）のような周波数特性となる．a はコイル間の相互インダクタンス M によって式（4.75）のように表されるが，これらの特性の導出については省略する．

$$a = \frac{\omega_0 M}{\sqrt{r_1 r_2}} \qquad (4.75)$$

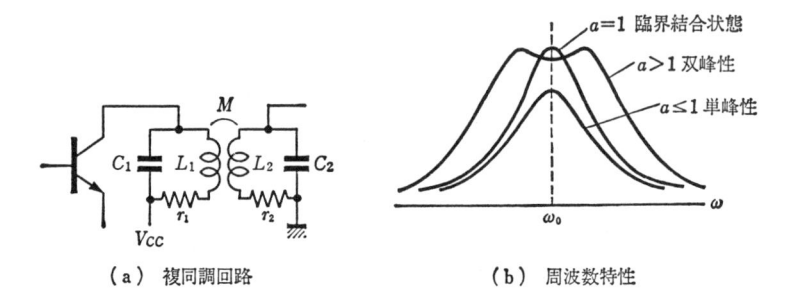

（a）複同調回路　　　　　（b）周波数特性

図 4.47　複同調回路

このほか，図4.47（a）のような回路で，同調回路の同調周波数を少しずつずらすことによって，通過帯域幅の広い周波数特性にすることも可能であり，これは**スタガ同調**（stagger tuning）と呼ばれる．

4.3 各種増幅回路

　LC同調回路による同調増幅回路について述べてきたが、このほか圧電材料による機械的共振子を用いた同調増幅回路も用いられる。

　上の同調回路の解析では、Y_{12}（逆伝達アドミタンス）の影響を無視してきた。Y_{12}は、コレクタ-ベース間やドレーン-ゲート間の、容量のアドミタンスであり、これを通して出力信号が入力に帰還されると、回路の不安定性や発振などを生じる[†]。出力側を低インピーダンスとして出力側の電圧を小さくすることが、帰還量を少なくし発振をおさえるのに有効であるが、図4.48のような帰還を打ち消す方法がある。これは**中和**（neutralization）と呼ばれ、（b）の等価回路を書き直した（c）からわかるように、$n_1 C_{GD}$と$n_2 C_n$を等しくすることによってv_2の電圧がv_1に現れないようにできる。

（a）中和回路

（b）等価回路　　　　　　　　（c）中和条件（$n_1 C_{GD} = n_2 C_n$）

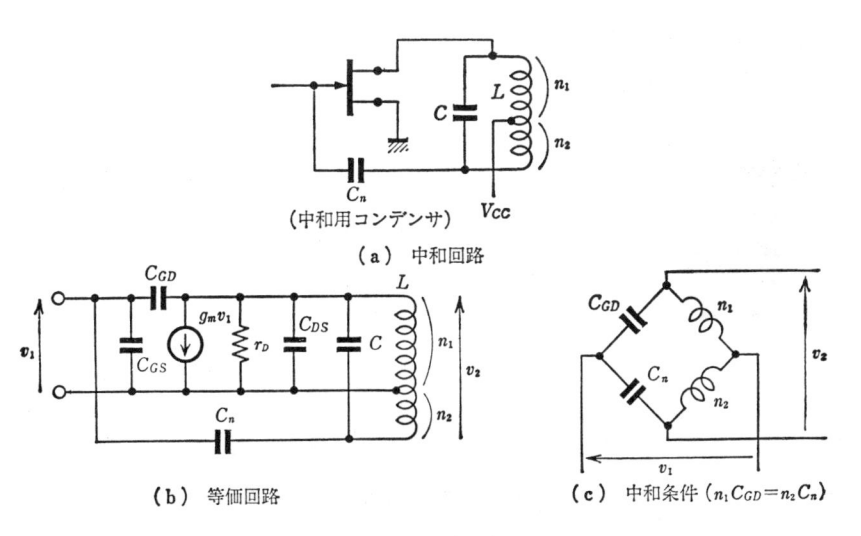

図 4.48　中　和

　このほか入力への帰還を少なくする方法として、図4.22（a）で説明したカスコード回路が有効であり、一般にはこれを用いると中和が不要になる。[††]

　100MHz以上のような超高周波の配線では、並列コンデンサのインピーダン

[†] 4.4の帰還と発振の項で説明する。
[††] 問4.12でこれについて取り上げる。

スは小さくなり，直列インダクタンスは大きくなる．このため配線は，L や C を持つ分布定数線路として考えなければならない．トランジスタのリード線などのインダクタンス成分も問題になり，先に述べた S パラメータモデルを用いて，インピーダンス整合を考えた設計が行われる．

(a) 超高周波同調増幅回路

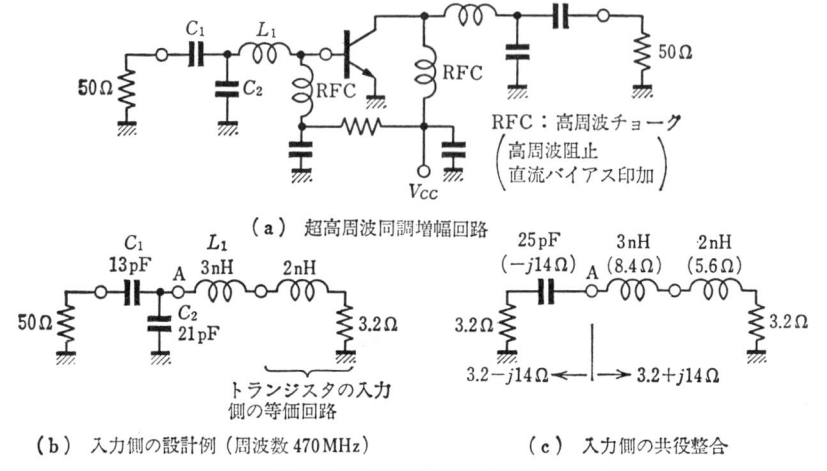

(b) 入力側の設計例（周波数 470 MHz）　**(c)** 入力側の共役整合

図 4.49　超高周波同調増幅回路

図 4.49（a）は超高周波同調増幅回路の例であり，入力側，出力側は 50Ω の線路に整合するように設計してある．入力側を例に説明すると（b）のように C_1, C_2, L_1 を決め，C_1 と C_2 の容量分割によって前段と共役整合させている．同図で点 A から左のインピーダンスを求め，C と R の直列回路で書き直すと，同図（c）になり，考えている周波数（470 MHz）での点 A から見た左右の複素インピーダンスは，共役整合の関係になっていることがわかる．

4.3.4　電力増幅回路

大きな電力の信号を取り出すための**電力増幅回路**（power amplifier）には，スピーカ駆動などのための低周波電力増幅回路と，無線電波の送信機などに用いられる高周波電力増幅回路とがある．

大振幅動作であるため，4.1.4 で述べた非直線ひずみが問題になる．大きな

電力を扱うため電源の電力を有効に利用すること,すなわち**電源効率**(power efficiency)を高めることが重要であり,また発熱による温度上昇を最小限にするため,3.3節の熱設計で述べたように,放熱が問題になる.トランジスタには,最大許容コレクタ損失の大きな大電力トランジスタを必要とする.

動作点の設定のしかたの違いで増幅回路を,**A級増幅回路**(class-A amplifier) **B級増幅回路** (class-B amplifier),**C級増幅回路** (class-C amplifier) に分けることができる.このうちC級増幅回路は,同調増幅回路として使用するため,高周波増幅専用といえる.以下ではこれらの電力増幅回路について説明する.なおこのほか,トランジスタをスイッチとして用いることによって,高能率で増幅する**D級増幅回路**と呼ばれるものがある[†].

(1) A級(電力)増幅回路

微小信号増幅回路の場合と基本的には同じであるが,最大の出力振幅が得られるように動作点が決められる.電源効率は小さく,しかも入力信号にかかわらず電力を消費するため,あまり大きな電力を増幅する回路には適さない.次のように,**直列給電** (series feed) と**並列給電** (parallel feed) の2種類に分けられる.

(a) 直 列 給 電

直列給電は,図4.50(a)のように負荷抵抗 R_L が電源と直列に入るものである.同図(b)のように動作点Qが動作範囲(図のAB間)の中央にある時に,最大振幅の電圧 V_m を取り出すことができ,この最大振幅は電源電圧 V_{CC} のほぼ半分になる.

正弦波信号に対する電源効率を求めてみる.負荷抵抗 R_L に現れる信号電力 P_0 は,電圧振幅 V_L,電流振幅 I_L の時次のようになる.

$$P_0 = V_L \sin \omega t \cdot I_L \sin \omega t = V_L I_L \sin^2 \omega t$$

$$= \frac{V_L I_L}{2}(1-\cos 2\omega t) = \frac{V_L^2}{2R_L}(1-\cos 2\omega t) \qquad (4.76)$$

電源からの電流は $V_{CC}/2R_L$ であり,供給される電力の平均値 $\bar{P}_S$ は次のよ

[†] 7.3節で述べるスイッチングレギュレータは同様な原理で高能率となる.

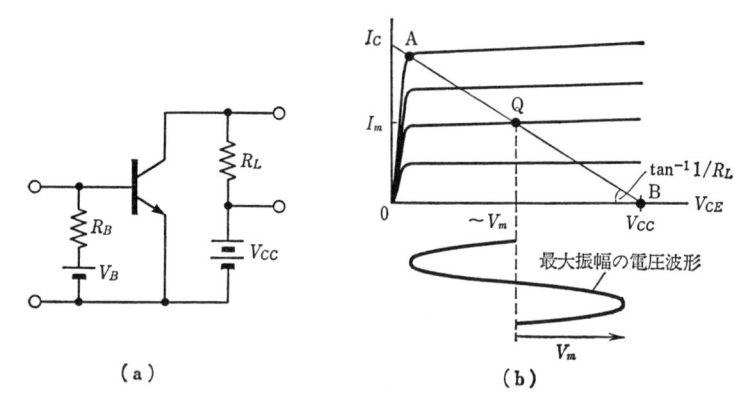

図 4.50 直列給電A級電力増幅回路

うになる．

$$\bar{P}_S = \frac{V_{CC}^2}{2R_L}$$

電源効率（power efficiency）η はこの $\bar{P}_S$ と，P_0 の平均値である $\bar{P}_0$ との比で表され，

$$\eta \equiv \frac{\bar{P}_0}{\bar{P}_S} = \frac{V_L^2}{V_{CC}^2} \tag{4.77}$$

V_L の最大値はほぼ $V_{CC}/2$ であり，これから η の最大値は25％となるが，この時 R_L で失われる直流電力損失 $\bar{P}_{DC}$ は次のようになり，$\bar{P}_S$ のうちの50％である．

$$\bar{P}_{DC} = \left(\frac{V_{CC}}{2R_L}\right)^2 R_L = \frac{V_{CC}^2}{4R_L}$$

なお，$\bar{P}_S$ のうち，残りの25％はトランジスタのコレクタ損失となる．

（b）並列給電

並列給電は，負荷抵抗 R_L が電源供給線と並列に入るもので，図4.51（a）のように電源はコイルを通して供給される．信号は図のようなコンデンサ結合か，またはトランス結合で取り出す．同図（b）のように，動作点Qではトランジスタの V_{CE} が電源電圧 V_{CC} となり，図4.28で説明した動的負荷直線を描

くと，図4.51（b）のように最大出力電圧は$2V_{CC}$の近くまでになる．

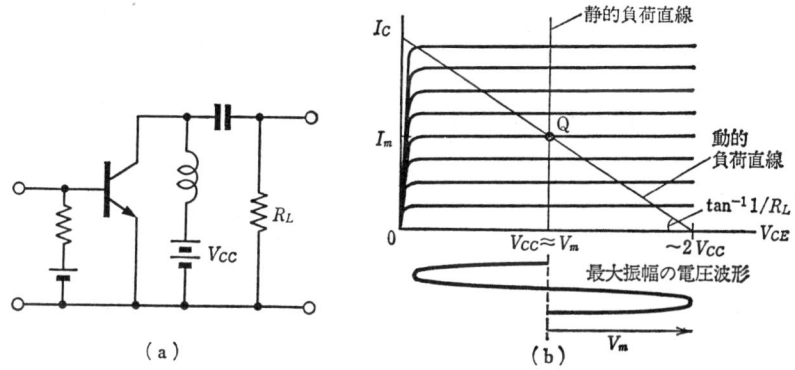

図 4.51　並列給電A級電力増幅回路

正弦波信号に対する電源効率ηについて検討する．負荷抵抗R_Lに現れる電圧と電流の振幅をV_L, I_Lとすると，電源から供給される電力の平均値$\overline{P}_S$は次のようになる．

$$\overline{P}_S = \frac{V_{CC}^2}{R_L}$$

また式（4.76）から信号電力の平均値$\overline{P}_0$は$V_L^2/2R_L$であるので，これらより電源効率ηが求まる．

$$\eta = \frac{\overline{P}_0}{\overline{P}_S} = \frac{V_L^2}{2V_{CC}^2} \tag{4.78}$$

V_Lの最大値はほぼV_{CC}であるため電源効率は最大50%で，残りの50%はトランジスタのコレクタ損失となる．R_Lでの直流電流による電力損失がないためで直列給電より効率がよい．

（2） B級（電力）増幅回路

二つのトランジスタを用い，信号波形の正負成分を別々のトランジスタで増幅して出力側で合成するもので，**プッシュプル回路**（push-pull circuit）とも呼ばれる．入力信号がない時にほとんど直流電流が流れないため，信号の大きさにかかわらず電源効率が大きく，広く用いられる．

図4.52は，平衡出力形の**DEPP**（Double Ended Push-Pull）と呼ばれる回

路の原理と，具体的な回路例である．信号波形を出力側で合成するには，出力トランスを使用する．

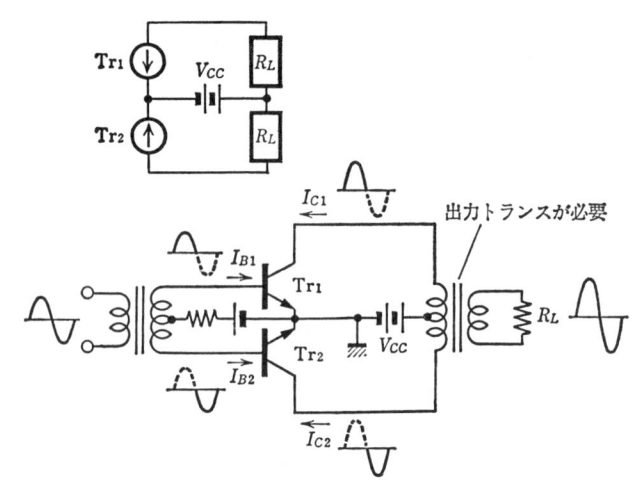

図 4.52 平衡出力B級電力増幅回路

一方，図4.53は不平衡出力形の **SEPP** (Single Ended Push-Pull) 回路であり，この場合は出力トランスは不要になり，**OTL** (Output Transformer Less) 回路とも呼ばれる．

図4.54にはSEPP回路の実現法のいくつかを示した．同図（a）では，入力トランスの代わりに位相分割回路を用いて，180°位相が異なる二つの信号を

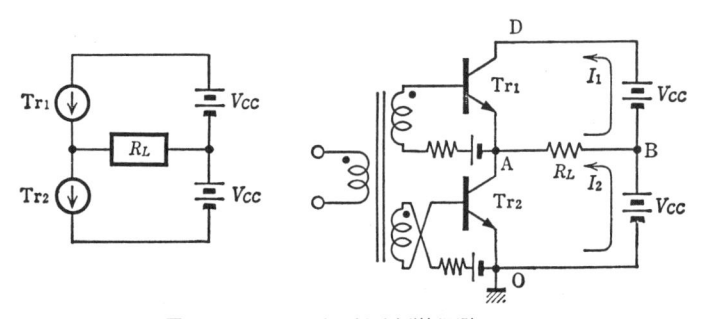

図 4.53 不平衡出力B級電力増幅回路

4.3 各種幅増回路

(a) 位相分割回路を用い，さらに1電源化したOTL回路

(b) コンプリメンタリOTL回路

(c) 擬似コンプリメンタリOTL回路

ダーリントン接続

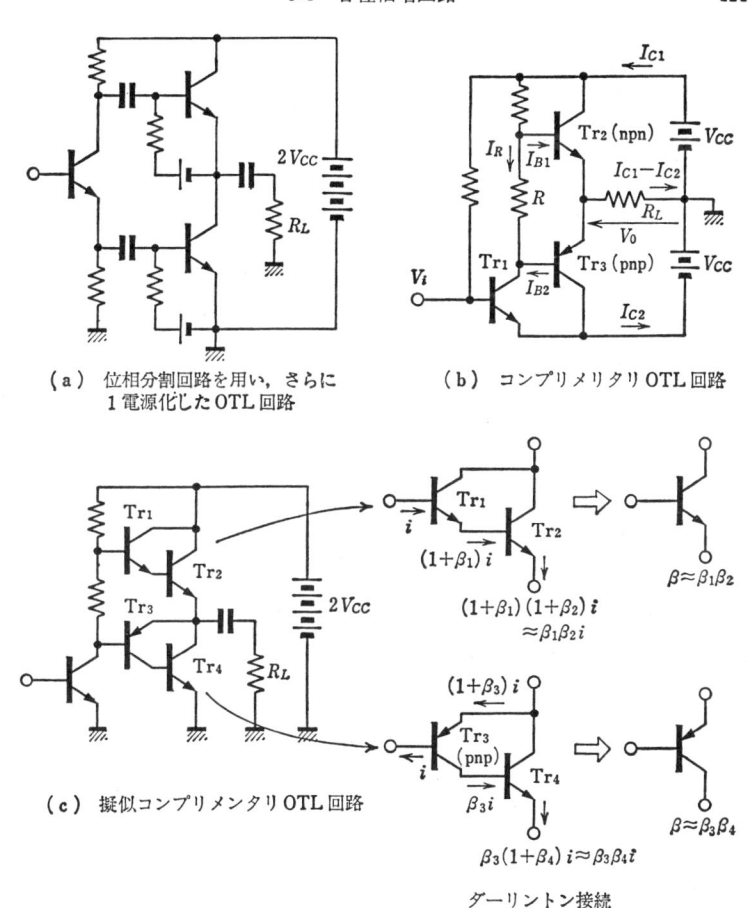

図4.54 SEPP (OTL) 回路の例

作っており，また負荷抵抗 R_L と直列に直流阻止コンデンサを用いることによって単一電源で動作させている．他方，同図（b）は相補トランジスタを用いたもので，**相補またはコンプリメンタリ OTL** (complementary OTL) 回路と呼ばれる．なお相補トランジスタは，二つのトランジスタを組み合わせたダーリントン接続[†]で置き換えることもできるが，この場合は，使用する電力用ト

---

† 図4.22でも説明した．

ランジスタ Tr_2, Tr_4 に同じ極性のトランジスタが利用できることになる．これは**擬似コンプリメンタリ OTL 回路**と呼ばれる．

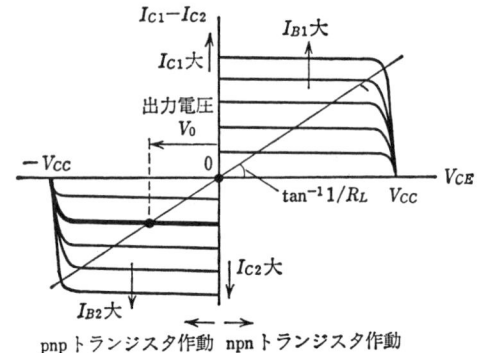

(a) 出力特性上での図式解法
(ある I_{B2} が流れた時)

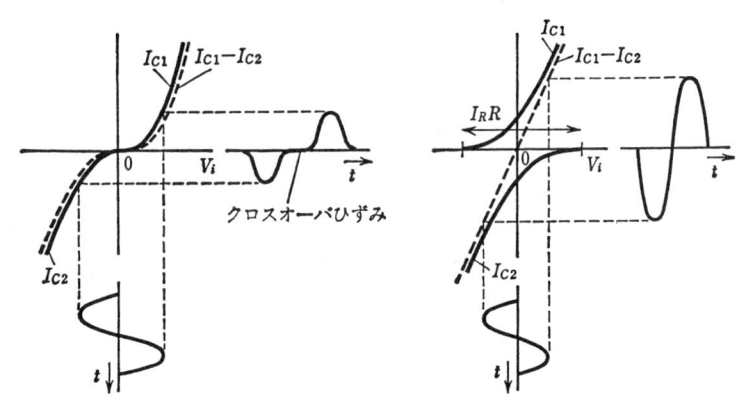

(b) 入力電圧 V_i と R_L を流れる電流 ($I_{C1}-I_{C2}$) の関係
(図4.54(b)中のRがない場合(左)とある場合(右))

図 4.55　B級増幅回路の図式解法

図4.54（b）の回路を例に，図4.55でB級増幅回路の図式解法に関する説明を行う．図4.55（a）の出力特性上で，入力信号がない時に V_{CE} が 0V の点が動作点になるよう，回路図中の Tr_1 のバイアスを決めてある．図4.55（b）は

I_{C1}, I_{C2}, および R_L を流れる電流 $I_{C1}-I_{C2}$ の入力電圧 V_i に対する関係である．(b) の左側の図は回路図中の R がない時であるが，この場合は，V_i が 0 近くの時にトランジスタ Tr_2 と Tr_3 がしゃ断状態になるため，図のように**クロスオーバひずみ** (cross-over distortion) と呼ばれる出力波形のひずみを生じる．これに対して (b) の右側の図は，回路図中の R での電圧降下 $I_R R$ のために，V_i が 0 近くで両トランジスタが同時に動作する領域を持っており，わずかなひずみしか生じない．この場合を **AB級動作** と呼び，電源効率は多少低下するがひずみが少ないので広く用いられる．

次に，B級動作での正弦波信号電圧に対する電源効率について考える．負荷抵抗 R_L の電圧と電流の振幅を V_L, I_L とすると，R_L に現れる信号出力電力の平均値 $\overline{P}_0$ は，式 (4.76) から $V_L I_L/2$ となる．一方，正弦波の半波整流波形の平均値は振幅の $1/\pi$ となるため，電源から供給される電流の平均値は I_L/π となり，電源から供給される電力の平均値 $\overline{P}_S$ は次のように表される．

$$\overline{P}_S = \frac{I_L}{\pi} 2 V_{CC}$$

さらにこれから電源効率 η が求まる．

$$\eta = \frac{\overline{P}_0}{\overline{P}_S} = \frac{\pi V_L}{4 V_{CC}} \tag{4.79}$$

V_L の最大値は，図4.55 (a) からわかるようにほぼ V_{CC} であるため，η の最大値は $\pi/4$，すなわち約 78.5% となる．

B級の場合の式 (4.79) をA級の場合の式 (4.77) と比べると，V_L が小さくなるとA級では2乗の割合で η が小さくなるが，B級では1乗の割合でしか小さくならない．すなわち信号が小さくなってもB級増幅回路では電源効率が大きい．

(3) C級（電力）増幅回路

無線通信用の送信機などでは，同調回路を負荷とするため，波形の一部だけを増幅しても同調回路の働きによって正弦波を取り出すことができる．これによって，電源効率が上げられ 70～90% になる．

図4.56 (a) には回路の例を示す．同図 (b) はその動作の様子であるが，

コレクタ電流が間欠的に流れて同調回路に信号電流を供給する．（b）に示すように，エミッタ電流の平均値 $\bar{I}_E$ による R での電圧降下のため，トランジスタの V_{BE} は負にバイアスされることになる．入力信号が大きいほど，このバイアス電圧も大きくなるが，これは**自己バイアス回路**（auto biasing circuit）と呼ばれる[†]．

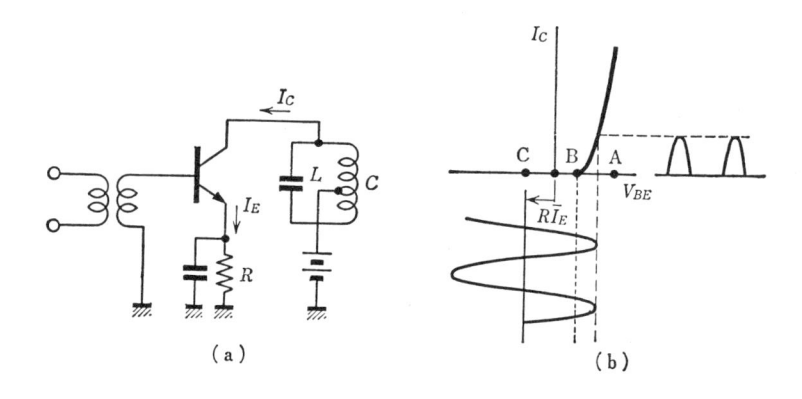

図4.56　C級電力増幅回路とその動作

なお同調回路の共振角周波数を ω_0 とすると，ω_0 の整数分の1の角周波数を入力に加えても，入力信号の高調波として ω_0 の周波数で出力信号を取り出すことができ，このような回路を**周波数逓倍回路**（frequency multiplier）と呼ぶ．

なお参考までに，図4.56（b）で V_{BE} 軸上の点Bおよび点Aにバイアスする場合が，それぞれB級増幅回路およびA級増幅回路にあたる．

4.4　帰還と発振

出力側の信号の一部を入力側に戻すことを**帰還**（feedback）と呼ぶが，これを用いた図4.57のような**帰還増幅回路**（feedback amplifier）は後に述べる多くの利点があり，広く用いられる[††]．

[†]　図4.25でも自己バイアスについて説明したので参照のこと．
[††]　5章で説明する演算増幅器の項で具体的な応用例を示す．

4.4 帰還と発振

図のように，(電圧)利得Kの回路に帰還率βの帰還回路を接続した時，入力電圧e_iと出力電圧e_0の間には次のような関係がある．

$$e_0 = K(e_i + \beta e_0)$$

これから帰還増幅回路の利得Gは次のようになり，これは**閉ループ利得**（closed loop gain）と呼ばれる．

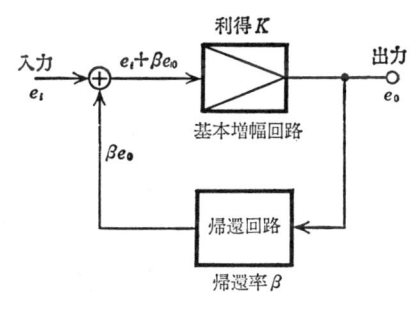

図 4.57 帰還増幅回路

$$G \equiv \frac{e_0}{e_i} = \frac{K}{1-K\beta} \tag{4.80}$$

なお，$K\beta$は**一巡利得**（loop gain）または**開ループ利得**（open loop gain）と呼ぶ．

式(4.80)で$|1-K\beta|>1$の時は$|G|<|K|$で，帰還により利得が減少することになる．この条件は，$K\beta$が実数であれば負であることに相当し，これは**負帰還**（negative feedback）と呼ばれる．

一方，$|1-K\beta|<1$の時は，逆に$|G|>|K|$であり，帰還により利得が増大することになる．この条件は$K\beta$が実数であると正になり，これは**正帰還**（positive feedback）と呼ばれる．

正帰還で，$1-K\beta$が零，すなわちループ利得$K\beta$が1であると，式(4.80)でGは∞となるため，入力信号がなくても出力信号が現れることになる．この現象は**発振**（oscillation）と呼ばれる．6章で説明する**発振回路**（oscillator）は，信号を発生させるために利用されるものであるが，増幅回路の場合は発振しないで安定に増幅できることが要求される．しかし負帰還増幅回路であっても，高い周波数では，位相変化によって$K\beta$の符号が変わって正帰還となり，発振に至ることもありうる．具体的には，図4.58の例のように，$K\beta$の振幅位相特性（ボーデ線図）上で位相遅れが360°を越える点において，振幅利得

$|K\beta|$ が 1 (0 dB) を越えると発振することになる．

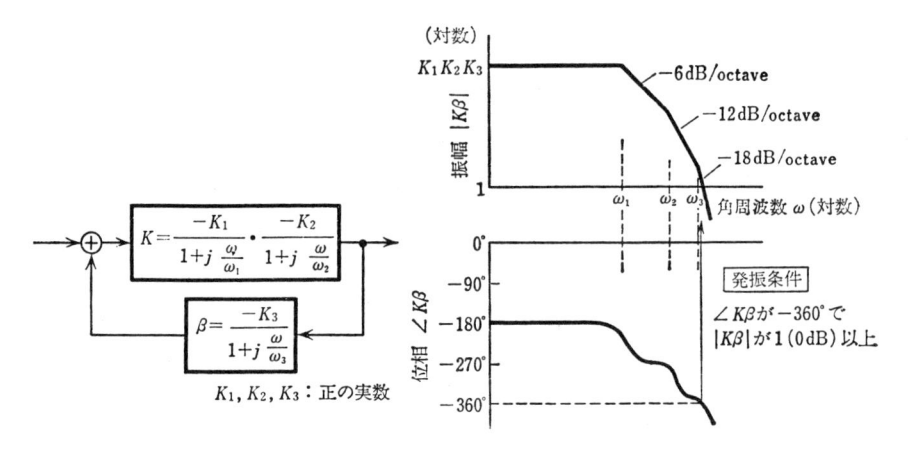

図 4.58 帰還回路における発振の条件

【例題 4.4】 図 4.59 (a) には，増幅回路における利得 K の，振幅および位相の周波数特性を示してある．抵抗で帰還回路を構成した同図（ b ）の回路で，増幅器として使用可能な閉ループ利得の範囲を求めよ．

解 発振条件はループ利得 $K\beta$ に関して考えればよい．$K\beta$ の振幅の周波数特

(a) 利得の周波数特性例

(b) 抵抗で帰還回路を構成した例

$$\beta = \frac{R_2}{R_1 + R_2}$$

$|K\beta| \gg 1$ の時

$$G = \frac{e_0}{e_i} \approx -\frac{1}{\beta} = -\frac{R_1 + R_2}{R_2}$$

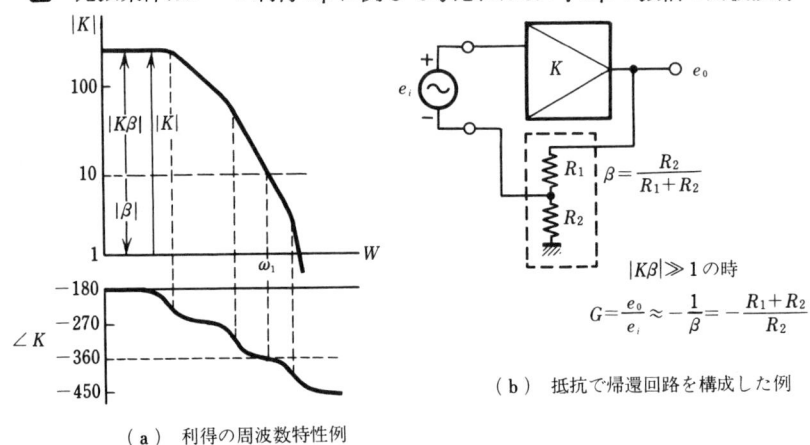

図 4.59 負帰還増幅回路とその周波数特性

性は，(a) の $|K|$ のグラフで Y 軸の原点を β の分だけ上にずらしたものにあたる．これは Y 軸は dB による対数表示であることによる．また $K\beta$ の位相の周波数特性に関しては，この場合の帰還回路では位相変化がないため，(a) の $\angle K$ のグラフと変らない．$\angle K$ のグラフで，位相遅れが360°の周波数は ω_1 であるが，この周波数で $|K\beta|$ が1を越えないようにし，発振条件にならないようにするには，β は1/10以下，すなわち閉ループ利得は10以上であることが必要である．図の (a) の $|K|$ のグラフ中には，発振条件に近い場合（$\beta=1/10$）の，$|K\beta|$ や $|\beta|$ の大きさを示してある． 終

次に負帰還増幅回路について述べる．式 (4.80) で $|K\beta|\gg 1$ の時，閉ループ利得 G は次のように K と無関係に β の値だけで決まり，$-1/\beta$ となる．

$$G\approx -\frac{K}{K\beta}=-\frac{1}{\beta} \tag{4.81}$$

図4.59 (b) の例に示すように，帰還回路は一般に抵抗回路などの形で作られるため，帰還率 β は十分安定で，利得 G が一定の増幅器が容易に実現できる．負帰還増幅回路では，このように利得の安定化ができる．なお，式 (4.81) のように，帰還増幅器の周波数特性は帰還回路の特性の逆関数となり，これを積極的に利用することによって，ろ波器などを作ることもできる[†]．

上で述べた利得の安定化をはじめ，負帰還増幅回路には以下のような数々の利点がある．
① 利得の安定化
② 周波数特性の平坦化
③ 非直線性の改善
④ 入・出力インピーダンスの変化

まず周波数特性の平坦化について説明する．利得 K の周波数特性が次のように表される時，閉ループ利得 G は以下のようになる．

$$K=\frac{K_0}{1+j\dfrac{\omega}{\omega_1}}$$

---

† 問4.16参照．

$$G=\frac{K}{1-K\beta}=\frac{K_0}{1+j\dfrac{\omega}{\omega_1}}\cdot\frac{1}{1-\dfrac{K_0\beta}{1+j\dfrac{\omega}{\omega_1}}}$$

$$=\frac{K_0}{1-K_0\beta+j\dfrac{\omega}{\omega_1}}=\frac{K_0}{1-K_0\beta}\frac{1}{1+j\dfrac{\omega}{\omega_1(1-K_0\beta)}}$$

ここで，$K_0/(1-K_0\beta)$ は直流での閉ループ利得を G_0 として，これで置き換えることができる．また $\omega_1(1-K_0\beta)$ を ω_r とすると，G は次のようになる．

$$G=\frac{G_0}{1+j\dfrac{\omega}{\omega_r}}$$

図 4.60 は，上の K と G の周波数特性である．負帰還によって利得は $1/(1-K_0\beta)$ になるが，他方高域しゃ断周波数は $1-K_0\beta$ 倍に増大しており，周波数特性を平坦化できることがわかる．なお利得と帯域幅の積は，これからわかるように負帰還によっても変わらない．

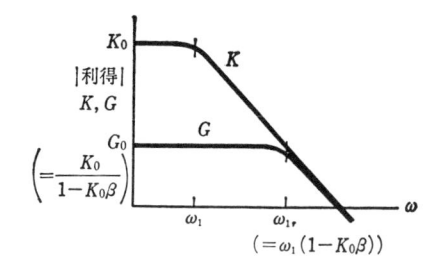

図 4.60 増幅器の利得 K と閉ループ利得 G の周波数特性（負帰還による周波数特性の平坦化）

負帰還の効果による非直線性の改善について説明する．大振幅の信号の場合は，能動デバイスの非直線性により増幅回路の入出力間の比例関係は成立しなくなり，非直線ひずみを生じる[†]．この非直線ひずみは利得が電圧レベルで変化することによるが，負帰還により増幅度は $1/\beta$ と一定になる効果があるため，図 4.61 のように直線性が向上する．

負帰還による入出力インピーダンスの変化について述べる[††]．なお負帰還に限らず正帰還でも以下の式は成立し，帰還の効果は逆の関係になる．はじめに入力インピーダンスに関して説明する．図 4.62（a）は負帰還の電圧が入力電圧と直列に加わる**直列入力帰還**（serial input feedback）の場合である．この

[†] 4.1.4 参照．
[††] 4.3 の演算増幅器の応用の項で具体例について説明する．

4.4 帰還と発振

時の入力インピーダンス Z_{in} は，次のように，帰還がない時の入力インピーダンス Z_i の $1-K\beta$ 倍に増大する．このため電圧検出回路に適する．

$$Z_{in} = \frac{v_i}{i_i} = \frac{v_i' - \beta v_0}{i_i} = \frac{v_i'}{i_i}(1-K\beta) = Z_i(1-K\beta) \quad (4.82)$$

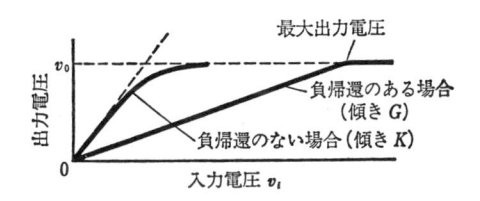

図 4.61 負帰還による非直線性の改善

これに対して，図 4.62（b）のように，負帰還の電流が入力電流に並列に加わる**並列入力帰還**（parallel input feedback）では，入力インピーダンス Z_{in} は

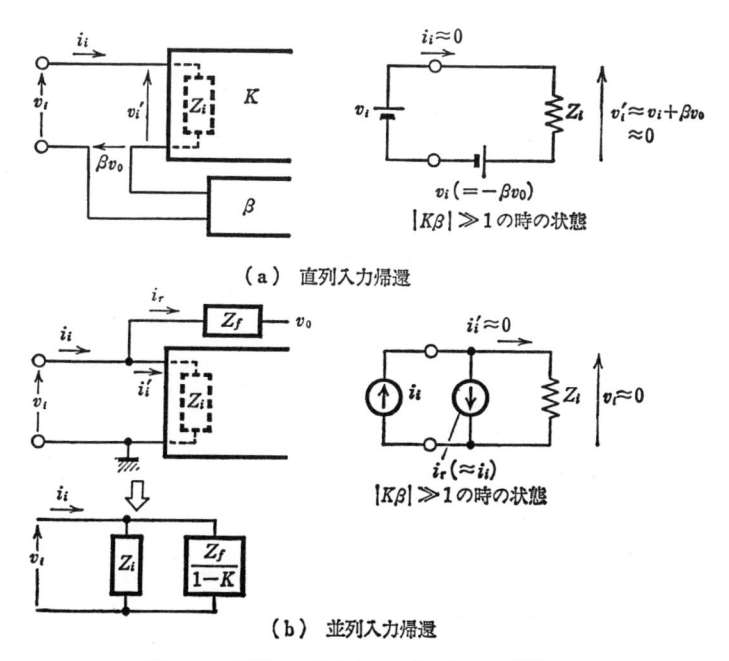

(a) 直列入力帰還

(b) 並列入力帰還

図 4.62 負帰還による入力インピーダンスの変化

以下に示すように非常に小さくなり,これは電流検出回路として役立つ.図中で帰還路のインピーダンスZ_fに流れる電流i_rは次のようになる.

$$i_r = \frac{v_i - v_0}{Z_f} = \frac{(1-K)}{Z_f} v_i$$

これは入力端子に$Z_f/(1-K)$のインピーダンスが並列に加わったことに相当し,Z_{in}は次式のように表される†.

$$Z_{in} = \frac{v_i}{i_i} = \frac{v_i}{i_i' + i_r} = \frac{1}{\dfrac{1}{Z_i} + \dfrac{1-K}{Z_f}} \qquad (4.83)$$

出力インピーダンスに関して説明する.図4.63(a)は出力電流に比例して負帰還を行う**電流帰還**(current feedback)である.この帰還増幅回路の出力電圧v_0,および出力インピーダンスZ_{out}は次式のようになる.これから出力インピーダンスは$(1-K)Z_f$の分非常に大きく,電流源に適した回路であることがわかる.

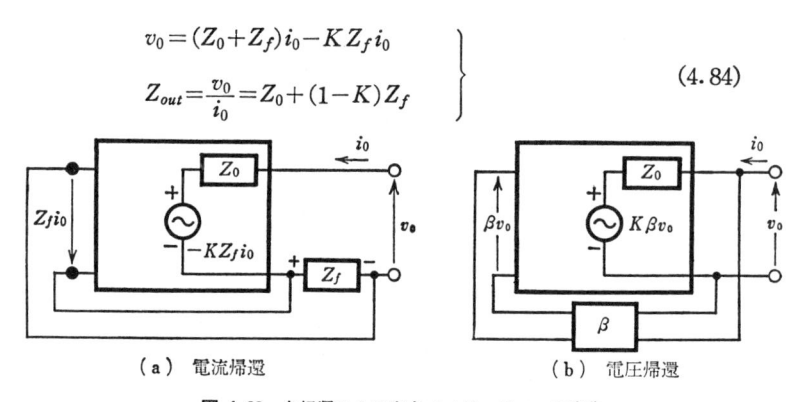

$$\left. \begin{array}{l} v_0 = (Z_0 + Z_f) i_0 - K Z_f i_0 \\ Z_{out} = \dfrac{v_0}{i_0} = Z_0 + (1-K) Z_f \end{array} \right\} \qquad (4.84)$$

(a) 電流帰還　　　　　　　　(b) 電圧帰還

図 4.63　負帰還による出力インピーダンスの変化

これに対し,図4.63(b)は出力電圧に比例して負帰還を行う**電圧帰還**(voltage feedback)である.出力電流i_0や出力インピーダンスZ_{out}が次のように求まるが,これから出力インピーダンスは$1/(1-K\beta)$に小さくなることがわかる.この回路は電圧源に適している.

---

† 図4.32で説明したミラー効果はこの原理による.

$$i_0 = \frac{v_0 - K\beta v_0}{Z_0}$$

$$Z_{out} = \frac{v_0}{i_0} = \frac{Z_0}{1-K\beta} \tag{4.85}$$

以上述べてきた負帰還による入出力インピーダンスの変化についてまとめたものが，図4.64である．

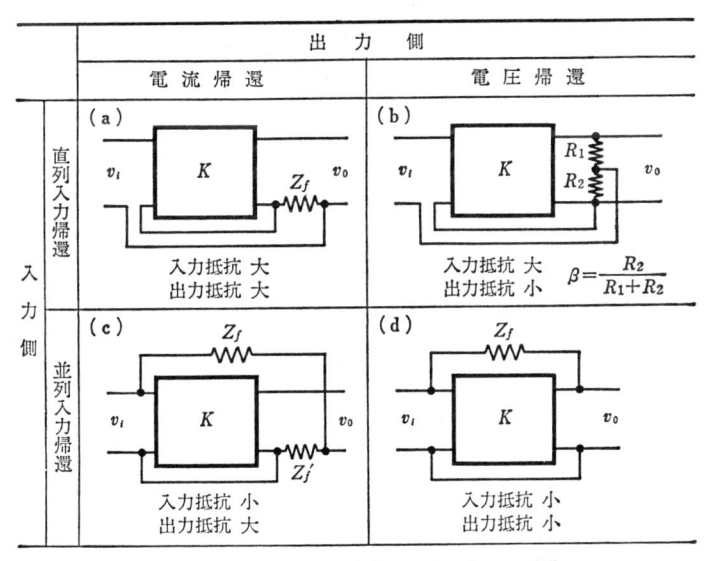

		出 力 側	
		電 流 帰 還	電 圧 帰 還
入力側	直列入力帰還	(a) 入力抵抗 大／出力抵抗 大	(b) 入力抵抗 大／出力抵抗 小 $\beta = \dfrac{R_2}{R_1+R_2}$
	並列入力帰還	(c) 入力抵抗 小／出力抵抗 大	(d) 入力抵抗 小／出力抵抗 小

図 4.64 負帰還による入出力インピーダンスの変化

【例題 4.5】 エミッタホロア回路（コレクタ接地回路）は図4.64の4種類のうちのどの負帰還増幅回路にあたるかを考え，また閉ループ利得 G を求めよ．

解 図4.65(a)のエミッタホロア回路は，(b)のような等価回路で書き表すことができる．すなわちこれは図4.64(b)で β を1にしたことに相当し，入力抵抗は大きく，出力抵抗は小さい． G は $1/\beta$ であり，ほぼ1となるが，これは次のような計算でも求まる[†]．

[†] 図4.17の説明参照．

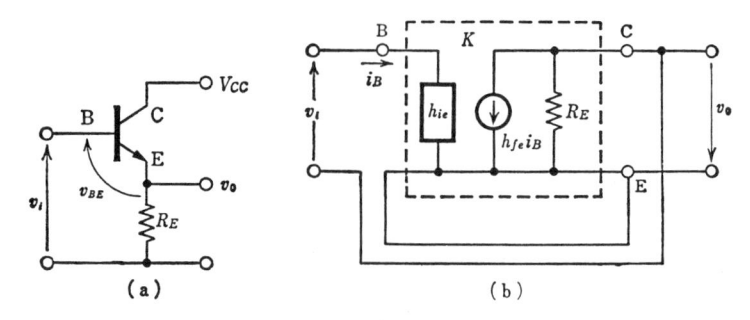

図 4.65 エミッタホロア回路とその等価回路

$$v_0 = (1+h_{fe})i_B R_E$$
$$h_{ie}i_B = -v_0 + v_i$$
$$G = \frac{v_0}{v_i} = \frac{1}{1+\dfrac{h_{ie}}{(1+h_{fe})R_E}} = \frac{(1+h_{fe})R_E}{(1+h_{fe})R_E + h_{ie}}$$

ここで，$(1+h_{fe})R_E \gg h_{ie}$ と近似すれば G は 1 となる． 終

演習問題

[1] 利得の周波数特性が次のような式で表される回路を考える．それぞれの回路，およびこれらを縦続接続した回路での，利得の振幅と位相に関し，周波数特性を図示せよ．ただし，$K_{10} > K_{20}$, $\omega_1 < \omega_3 < \omega_2$ とする．

$$K_1 = \frac{K_{10}}{\left(1-j\dfrac{\omega}{\omega_1}\right)\left(1+j\dfrac{\omega}{\omega_2}\right)}$$

$$K_2 = \frac{K_{20}}{1-j\dfrac{\omega}{\omega_3}}$$

[2] 抵抗 R から取り出される雑音電力の最大値を求めよ．観測している周波数帯域幅を B [Hz] とする．

[3] 図 4.22 (a) に示したカスコード回路の電圧利得 K_v を求め，Tr_2 がないエミッタ接地増幅回路における K_v と比較せよ．ただし，Tr_1 と Tr_2 は h_{ie} と h_{fe} で表すことにする．

[4] 図 4.22 (b) の回路で，電圧利得 K_v と入力抵抗 R_{in} を求めよ．Tr_1 と Tr_2 は h_{ie} と

[5] 図4.22(d)の回路のR_{in}, K_v, K_iを求めよ．
[6] 問図4.1の微小信号等価回路を示し，電圧利得K_vを求めよ．
[7] 問図4.2の回路において，トランジスタのベース，コレクタ，およびエミッタの電圧V_B, V_C, V_Eを求めよ．ただしV_{BE}は0.6Vとし，ベース電流は無視する．また電圧利得K_v ($=v_0/v_i$)，および入力インピーダンスZ_{in}を求めよ．このほか出力に5kΩの抵抗R_Lを接続した時の，電圧利得K_vを求めよ．三つのコンデンサのインピーダンスは十分小さいものとする．トランジスタはh_{ie}とh_{fe}で表され，h_{ie}は1kΩ，h_{fe}は100とする．

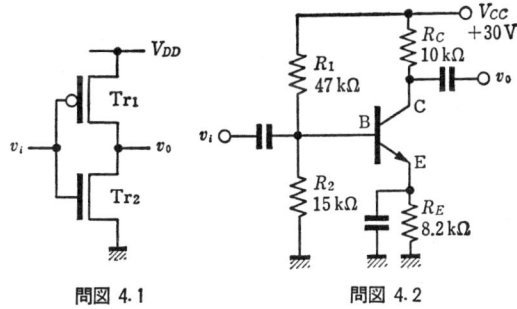

問図4.1　問図4.2

[8] 問図4.3の回路で，FETのゲート，ソース，およびドレーンの電圧V_G, V_S, V_Dを求め，電圧利得K_vを計算せよ．FETのβとV_Tは，それぞれ1mA/V^2, 1Vとする．コンデンサのインピーダンスは十分小さく，FETのドレーン抵抗は十分大きいとして無視する（**ヒント**，静特性を作成する）．
[9] 問図4.4の回路の高域しゃ断周波数を求めよ．ここではトランジスタ自体の周波数特性は十分よいとして問題にせず，また等価回路はh_{ie}とh_{fe}だけで考えることにする．

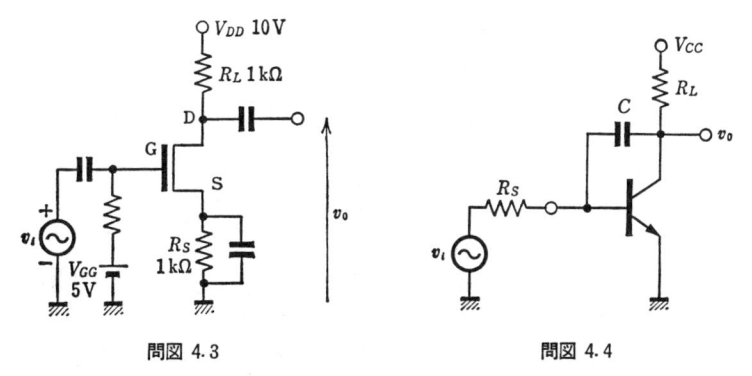

問図4.3　問図4.4

[10] 差動利得K_dが60dB (−1000倍) の差動増幅回路で，同相除去比CMRRが60dBである時，二つの入力電圧v_{i1}とv_{i2}が次の場合のそれぞれの出力電圧 (v_{01}−

v_{o2}) を計算せよ．
 (1) $v_{i1}=0.005\,\mathrm{V}$, $v_{i2}=-0.005\,\mathrm{V}$
 (2) $v_{i1}=1.005\,\mathrm{V}$, $v_{i2}=0.995\,\mathrm{V}$

[11] 図 4.39 の FET 差動増幅回路で，両 FET の g_m すなわち g_{m1}, g_{m2} は少し異なり次のような関係にある．

$$\frac{g_{m1}+g_{m2}}{2}=g_m, \quad g_{m1}-g_{m2}=\Delta g_m$$

共通ソースにつながる電流源の内部抵抗を R_S とした時の，同相差動変換利得 K_{cd}, および同相分除去比 CMRR を求めよ．

[12] 問図 4.5 のカスコード同調増幅回路について，信号周波数が同調周波数 ω_0 である時の，電圧利得 K_{vmax} を求め，この回路の利点について述べよ．トランジスタの等価回路は h_{ie} と h_{fe} で表し，これらの値は両方のトランジスタで等しいものとする．

なお，同調回路自体の抵抗分は無視してよい．

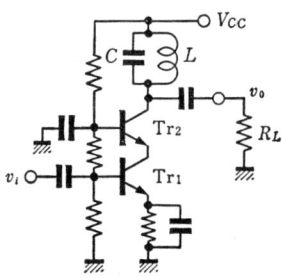

問図 4.5

[13] 図 4.54 (b) のコンプリメンタリ OTL 回路で，負荷抵抗 R_L を $10\,\Omega$ とした時，負荷に供給できる最大出力電力を求めよ．使用するトランジスタの最大定格は以下のとおりとする．

$P_{C\max}$: 5 W
$B\,V_{CED}$（最大コレクターエミッタ間電圧）: 40 V
$I_{C\max}$: 1 A

[14] 問図 4.6 の増幅回路についてコレクタ電圧 V_C, 入力インピーダンス Z_{in} および電圧利得 K_v を求めよ．トランジスタの等価回路は h_{ie} と h_{fe} で表され，$h_{ie}=1\,\mathrm{k}\Omega$, $h_{fe}=\beta=100$ とする．考えている周波数ではコンデンサのインピーダンスは十分小さいとし，V_{BE} は $0.6\,\mathrm{V}$ とする．

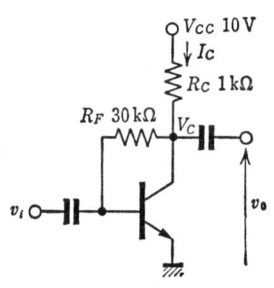

問図 4.6

[15] 負帰還を増幅回路に用いることでどのようなことが期待できるかについて述べよ．

[16] 問図 4.7 の帰還回路は，並列 T 形 CR 回路と呼ばれ，その伝達特性は次のようになる．この閉ループ利得の周波数特性を図示せよ．

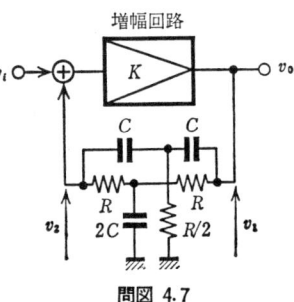

問図 4.7

$$\beta \equiv \frac{v_2}{v_1} = \frac{1}{1+j\dfrac{4}{\left(\dfrac{\omega_0}{\omega}-\dfrac{\omega}{\omega_0}\right)}}$$

ここで，ω_0 は $1/CR$．

次に，この回路を帰還回路とした問図 4.7 の回路について，閉ループ電圧利得 $G(=v_0/v_i)$ を表す式を求め，その周波数特性を図示するとともに，この回路の働きについて述べよ．

なお，増幅回路の開ループ電圧利得を K で，その周波数特性は平坦であるとする．

[17] 問図 4.8 に n チャネル JFET の静特性を示す．この FET を用い，下図のようなソース接地増幅器を構成するものとする．ただし，ドレーン負荷抵抗 $R_D=2.5$ kΩ，$V_{DD}=10$ V とする．下記の問に答えよ．

(1) 出力静特性上に負荷直線を引け．
(2) 動作点における V_{DS} を測定したら 6.0 V であった．動作点における I_D，およびゲートバイアス電圧 V_{GG} を求めよ．
(3) 動作点における相互コンダクタンス g_m，ドレーン抵抗 r_D の概略値を求めよ．
(4) 電圧増幅度 $K_v=(v_{dS}/v_{in})$ の値を求めよ．

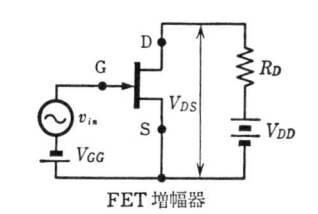

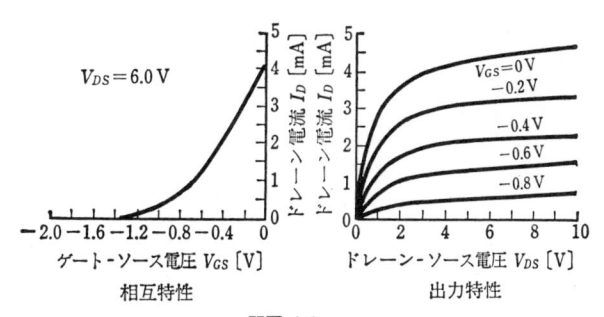

FET 増幅器

問図 4.8

5 演算増幅器とその応用

5.1 演算増幅器の特性

演算増幅器 (operational amplifier) は，オペアンプやOPアンプとも呼ばれ，波形操作などに用いられる汎用増幅器である．外付け部品を付加して帰還増幅回路を構成することによって，各種の機能を実現することができる．

図 5.1 (a) にその記号と各端子を，また (b) には入出力特性を示す．二つの入力端子の電圧 $V_{in(+)}$ と $V_{in(-)}$ の差を増幅する直流増幅回路で[†]，電圧利得を K とすると出力電圧 V_{out} は次の式で表される．

$$V_{out} = K(V_{in(+)} - V_{in(-)}) \tag{5.1}$$

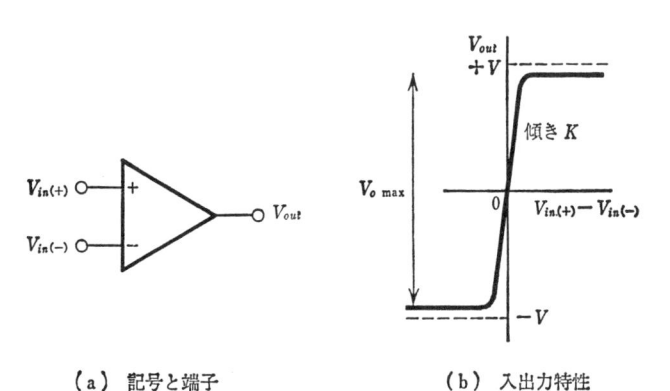

（a） 記号と端子　　　（b） 入出力特性

図 5.1　演算増幅器

---

† 図 4.2 の分類で，平衡入力，不平衡出力増幅回路にあたる．

5.1 演算増幅器の特性

入力インピーダンス Z_{in} や出力インピーダンス Z_{out}，および電圧利得 K の増幅回路パラメータで表した，演算増幅器の微小信号等価回路が，図5.2（a）である．演算増幅器は，理想的には以下の条件を満たすもので，この条件に近づけるように設計されている．

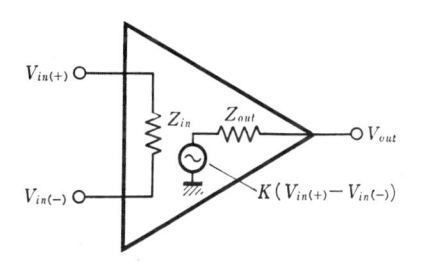

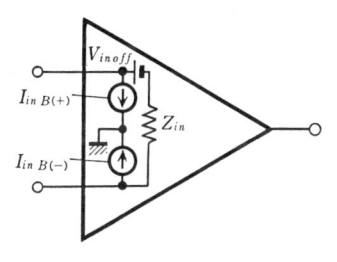

(a) 増幅回路パラメータで表した微小信号等価回路

(b) 入力オフセット電圧や入力バイアス電流を考えた入力端子部の等価回路

図 5.2 演算増幅器の等価回路

① 電圧利得 K が ∞，これは入力端子間電圧（$V_{in(+)} - V_{in(-)}$）が 0 であることも意味する．
② 周波数帯域幅は ∞ である．
③ 入力インピーダンス Z_{in} は ∞ である．
これから入力電流 I_{in} は 0 となる．
④ 出力インピーダンス Z_{out} は 0 である．
⑤ 次式で表される同相電圧利得 K_C は 0 である．

$$K_C \equiv \frac{2V_{out}}{V_{in(+)} + V_{in(-)}} \tag{5.2}$$

なお実際の演算増幅器では，電圧利得 K は 120 dB（10^6 倍）程度，周波数帯域幅は単一利得周波数で 1〜10 MHz 程度が普通である．
このほか入力換算オフセット電圧 V_{inoff}[†]，入力バイアス電流 $I_{inB(+)}$，$I_{inB(-)}$，および入力オフセット電流 I_{inoff} （$= I_{inB(+)} - I_{inB(-)}$）が小さいことなども要求

[†] 図 4.36（a）参照．

される．図5.2(b)はこれらのパラメータで表した入力端子部の等価回路であるが，V_{inoff} や $I_{inB(+)}$, $I_{inB(-)}$ の変動分にあたる，入力換算雑音電圧 e_n や入力換算雑音電流 i_n[†] が小さいこと，さらに温度や電源電圧の変動によって出力電圧が変わらないことなども望まれる．

同相電圧利得 K_C は小さくても，同相入力電圧が大きすぎると増幅機能が失われるため，この**許容同相入力電圧は十分大きくなければならない**．さらに，**許容出力電流**や図5.1中に示した**最大出力電圧振幅** V_{omax} が大きいことも望まれる．

このほか，入力にステップ電圧を加えた時の出力電圧の変化速度である**スリューレイト**（slew rate）ができるだけ大きいことや，消費電力が少ないことなどが，目的に応じ必要になる．

5.2 演算増幅器の回路

演算増幅器は集積回路（IC）として実現されるのが普通である．以下では，具体例として図5.3のMOSトランジスタによる演算増幅器ICの回路を取り上げその動作について説明する．図でP1～P7はPチャネル，N1～N5はnチャ

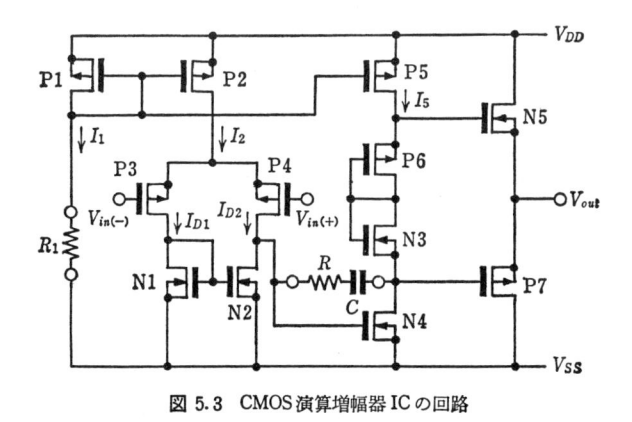

図5.3 CMOS演算増幅器ICの回路

---

† 図4.13参照．

5.2 演算増幅器の回路

ネルのMOSトランジスタであり, これはCMOS演算増幅器と呼ばれる.

図5.3の説明の前に, アナログ用ICで多く用いられる**カレントミラー回路** (current mirror circuit) について述べる. 同じ特性を持つ二つのトランジスタN1とN2からなる, 図5.3の中の回路に着目する. V_{DS}が$V_{GS}-V_T$より大きい時, トランジスタは定電流領域で動作するが, N1は$V_{DS}=V_{GS}$であるため定電流領域で動作しており, I_{D1}は次のようになる.

$$I_{D1} = \frac{\beta}{2}(V_{GS}-V_T)^2$$

V_{GS}は両トランジスタで等しいので, N2のV_{DS}が$V_{GS}-V_T$より大きい限りはI_{D2}も上の式で決まり, N2はI_{D1}と同じ電流を流す電流源として働く. なおこの回路ではトランジスタの寸法を変えるとそれに応じて電流比を変えることができる. 図5.3の説明に戻ると, まず図のP2とP5はP1とのカレントミラーによる定電流源で, R_1で決められたI_1に比例した電流I_2, I_5を供給する.

P3とP4は差動増幅回路であり, N1とN2によるカレントミラー回路はその負荷として働く. この段の微小信号等価回路を図5.4に示すが, N2はカレントミラーのため, 電流源 (i_{D1}) として働く差動入力電圧 ($V_{in(+)}-V_{in(-)}$) の変化分をv_dとしg_{m3}とg_{m4}は等しいとすると, 出力電圧v'は次のように表される[†]. なお$1/g_{m2}\approx 0$としてある.

$$v' = \frac{(r_{D4}+r_{D3})r_{D2}g_{m4}}{r_{D4}+r_{D3}+r_{D2}}v_d \tag{5.3}$$

r_{D2}とr_{D4}は大きな値になるため, 大きな電圧利得を得ることができる.

この差動増幅回路の出力は, N4とその負荷P5による電圧増幅回路を通し,

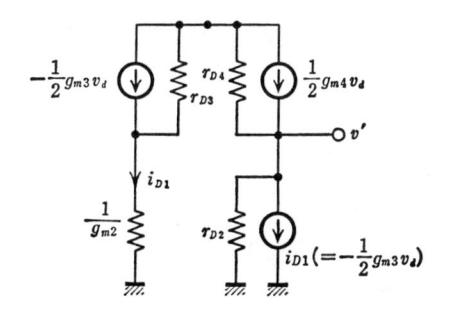

図 5.4 差動増幅回路段 (P3, P4, N1, N2) の等価回路

[†] 問7で導出.

N5とP7による出力回路へとつながる．この出力回路は，図4.54（b）で説明したコンプリメンタリOTL回路である．なおN4のゲート-ドレーン間のCとRは，負帰還をかけて演算増幅器を使用した場合でも4.3.5で述べた発振を起こさず安定に動作するようにするためのもので，**位相補償回路**（phase compensation circuit）と呼ばれる．

図5.5は，この回路による実際の演算増幅器ICの写真である．

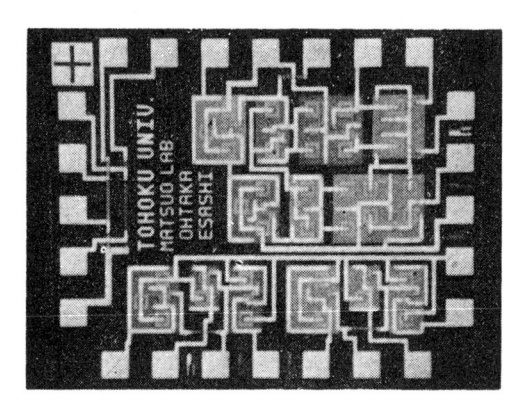

図 5.5 演算増幅器ICの写真

5.3 演算増幅器の応用

応用に関する説明では，解析を容易にするために5.1節で述べた理想演算増幅器を考える．なお，(ⅶ)の積分回路の説明では増幅度Kが有限であることの影響にも触れる．

（1） 反転増幅回路

図5.6（a）の回路は電圧利得が$-R_f/R_i$と負になるもので，**反転増幅回路**（inverting circuit）と呼ばれる．

理想演算増幅器の条件3（$Z_{in}=\infty$）により，入力端子に流れ込む電流は零なので，$i_i=i_f$となる．また条件1（$K=\infty$）より，入力端子間の電圧は零，す

なわち点Aの電位は零となる[†].

点Aは電位が零で電流が流れ込む点であり，見かけ上接地された点と等価に働くため，**仮想接地点**（virtual ground point）と呼ばれる．なお点Aに流れ込んだ電流はR_f側に流れる．

以上より，次のような回路方程式が成立する．

$$v_i = i_i R_i = i_f R_i \tag{5.4}$$

$$v_0 = -i_f R_f \tag{5.5}$$

これから次の関係になるが，これは図5.6（b）のような点Aを支点とするテコの関係と等価であり，電圧利得Kは$-R_f/R_i$となる．

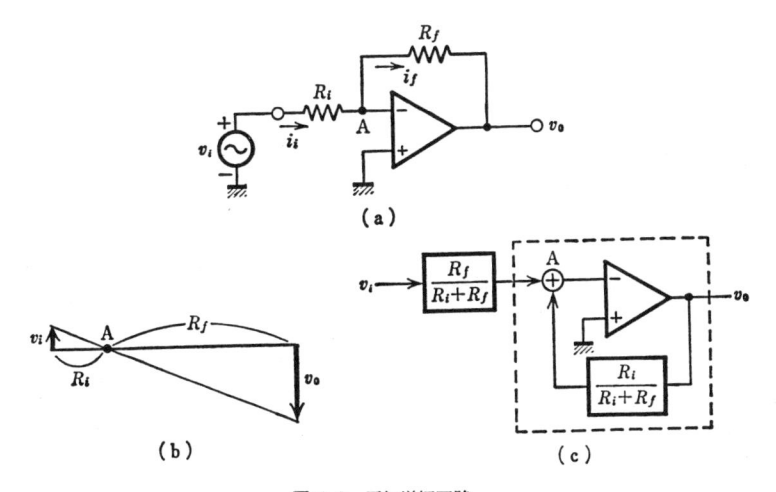

図 5.6 反転増幅回路

$$\left. \begin{array}{c} \dfrac{v_i}{R_i} = -\dfrac{v_0}{R_f} \\ K \equiv \dfrac{v_0}{v_i} = -\dfrac{R_f}{R_i} \end{array} \right\} \tag{5.6}$$

なお，R_i, R_fの代わりにインピーダンスZ_i, Z_fを用いても上の関係は成り立つ．

入力インピーダンス（v_i/i_i）は式（5.4）よりR_iとなる．

[†] 図4.64の負帰還回路を分類した表で（d）にあたる．

反転増幅回路の動作は図 5.6（c）のように考えることもできる．すなわち，入力電圧 v_i は，R_f と R_i で電圧分割され，$v_i R_f/(R_i+R_f)$ だけ A の端子に加わる．一方帰還率 β は $R_i/(R_i+R_f)$ であるので，図の破線内の増幅回路の閉ループ利得は $-1/\beta$ すなわち $-(R_i+R_f)/R_i$ となる．これから反転増幅回路の利得は次のように求まり，式 (5.6) と一致する．

$$\frac{v_0}{v_i} = \frac{R_f}{R_i+R_f} \times \left[-\frac{R_i+R_f}{R_i}\right] = -\frac{R_f}{R_i}$$

（2） 非反転増幅回路

図 5.7（a）の回路は電圧利得が正であり，**非反転増幅回路**（non-inverting circuit）と呼ばれる[†]．

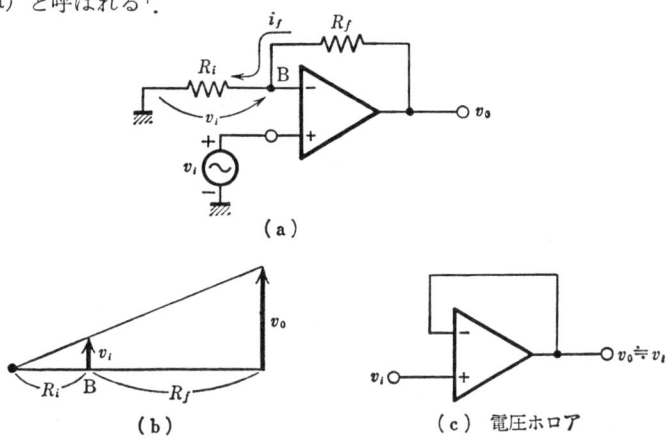

図 5.7 非反転増幅回路

入力端子間電圧は零なので，R_i には入力電圧 v_i が加わることになり，次式が成立する．

$$v_i = i_f R_i$$
$$v_0 = i_f (R_i + R_f)$$

これから，電圧利得 K は次のように $(R_i+R_f)/R_i$ となるが，これは図 5.7（b）

[†] この回路は図 4.64 の負帰還回路の分類では（b）にあたり，帰還率 β は $R_i/(R_i+R_f)$ である．

のようなテコの関係に対応する．

$$K=\frac{v_0}{v_i}=\frac{R_i+R_f}{R_i} \tag{5.7}$$

（a）の回路で$R_i=\infty$とした（c）のような回路では，増幅度は，R_fにかかわらず1となるが，これは**電圧ホロア回路**（voltage follower circuit）と呼ばれ，高入力インピーダンスで低出力インピーダンスの**インピーダンス変換回路**（impedance conversion circuit）として，電圧検出回路などの目的で用いられる．

反転増幅回路の場合と同様に，R_iやR_fの代わりにインピーダンスZ_i, Z_fを用いても同じである．また入力インピーダンスは大きい．

（3） 定電流回路

反転増幅回路や非反転増幅回路で，帰還抵抗R_fの代わりに負荷抵抗R_Lを接続すると，これにはv_i/R_Lの一定電流が流れるため，定電流回路として用いることができる．

（4） 電流検出回路

反転増幅回路でR_iを0にした図5.8の回路は，入力電流にかかわらず入力端子の電圧は0で，等価的に抵抗が0の理想的な電流計として働く．なお帰還抵抗R_fは，次のような入力電流i_iに対する出力電圧v_0の変換係数となる．

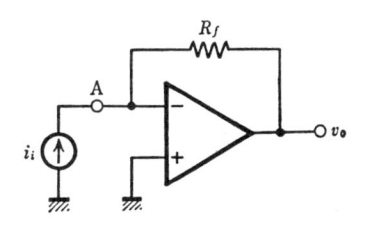

図 5.8　電流検出回路

$$v_0=-i_i R_f \quad (5.8)$$

（5） 加 算 回 路

図5.9で点Aに流れ込んだ電流は，加算されてR_fへと流れる．そのためこの回路は加算回路と呼ばれ，出力電圧v_0は次のような，加算の式で表される．

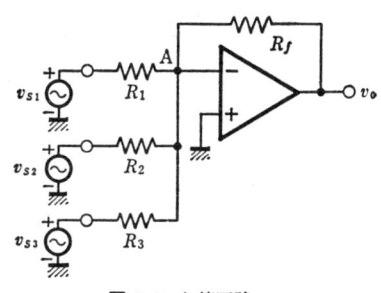

図 5.9　加算回路

$$v_0 = -\left(\frac{R_f}{R_1}v_{S1} + \frac{R_f}{R_2}v_{S2} + \frac{R_f}{R_3}v_{S3}\right) \tag{5.9}$$

(6) 減算回路（差動増幅回路）

図5.10の回路について解析してみる．図のループ1とループ2にキルヒホッフの電圧則を適用すると，次式が成立する．

$$v_{i1} = \frac{R_{f1}}{R_{i1}+R_{f1}}v_{S1}$$

$$v_{i2} = \frac{R_{f2}v_{S2}+R_{i2}v_0}{R_{i2}+R_{f2}}$$

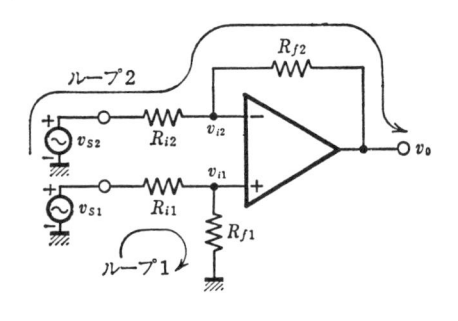

$v_{i1}=v_{i2}$であるため，出力電圧v_0は次のようにv_{S1}とv_{S2}の減算の関係で決まることになる．

図5.10 減算回路（差動増幅回路）

$$v_0 = \frac{R_{i2}+R_{f2}}{R_{i2}}\left[\frac{R_{f1}}{R_{i1}+R_{f1}}v_{S1} - \frac{R_{f2}}{R_{i2}+R_{f2}}v_{S2}\right] \tag{5.10}$$

ここで以下のような関係があれば，この回路は入力電圧の差を増幅する差動増幅回路となることがわかる．

$$\frac{R_{f1}}{R_{i1}} = \frac{R_{f2}}{R_{i2}} = \frac{R_f}{R_i} \tag{5.11}$$

$$v_0 = \frac{R_f}{R_i}(v_{S1}-v_{S2}) \tag{5.12}$$

しかし，この回路では，入力抵抗が小さいため入力電流が流れる．このため，v_{S1}やv_{S2}と直列に信号源抵抗があると，式(5.11)の関係を満たさなくなり，式(4.66)で示したCMRRを低下させる．

そこで，入力抵抗を大きくするために入力側に非反転増幅回路を入れた図5.11のような回路が用いられる．この回路は**計装増幅回路**（instrumentation amplifier）と呼ばれる．出力電圧v_0は次のように表され，R_Xを変えるだけで利得を変化させることができる．

$$v_0 = \left(1+\frac{2R}{R_X}\right)\frac{R_f}{R_i}(v_{S1}-v_{S2}) \tag{5.13}$$

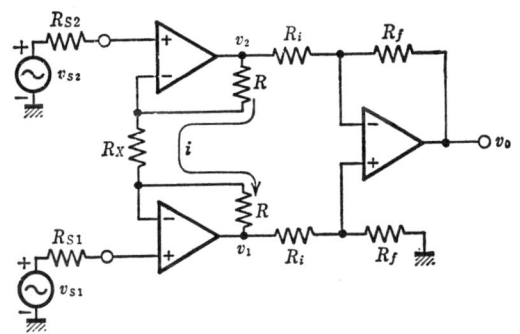

図 5.11 計装増幅回路

(7) 積分回路

図5.6の反転増幅回路の帰還抵抗R_fを，コンデンサCで置き換えた図5.1(a)の回路は，**積分回路**（integrator）と呼ばれる．角周波数ωの正弦波信号を考え，式 (5.6) でR_fをCのインピーダンス$1/j\omega C$で置き換えると次式が成り立つ．

$$v_0 = -\frac{1}{R} \cdot \frac{1}{j\omega C} v_i = -\frac{1}{j\omega CR} v_i \qquad (5.14)$$

図5.12（a）の回路で，Cは電流i_iで充電されるため，v_0は次のようになる．

$$v_0(t) = -\frac{Q(t)}{C} = -\frac{1}{C}\int_0^t i_i(t)dt = -\frac{1}{C}\int_0^t \frac{v_i(t)}{R}dt$$

$$= -\frac{1}{CR}\int_0^t v_i(t)dt \qquad (5.15)$$

なお上式は，v_iを$v_i e^{j\omega t}$として積分すれば，式 (5.14) になる．

図5.12（b）のようにステップ状の入力電圧を印加し，$t=0$でコンデンサの

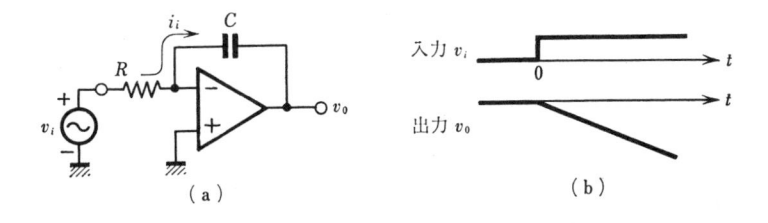

図 5.12 積分回路とそのステップ応答

電荷 Q が 0 であるとすると，v_0 は同図のように一定勾配で変化することになる．なお，この変化は v_0 の最大電圧で飽和する．

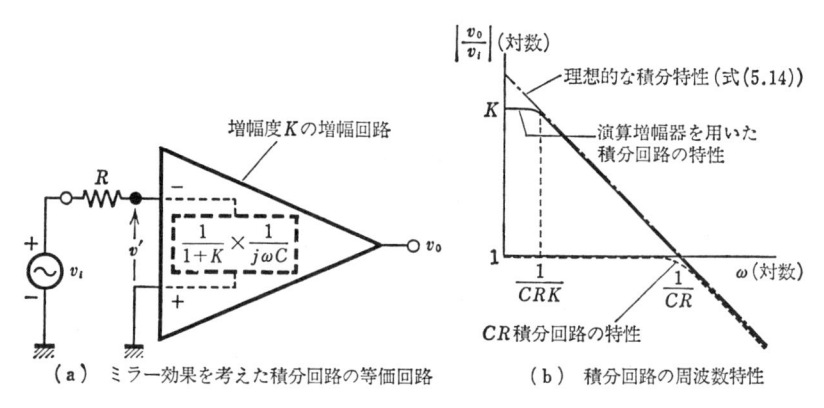

図 5.13 積分回路の等価回路と周波数特性
（a）ミラー効果を考えた積分回路の等価回路
（b）積分回路の周波数特性

次に積分回路で演算増幅器の増幅度 K が有限であることの影響について考えてみる．図 4.62（b）で説明したミラー効果によって，入力側から見た容量は帰還容量 C の $1+K$ 倍と非常に大きなものとなる．すなわち，図 5.13（a）のような等価回路で積分回路を表すことができ，v_0 と v_i の関係は以下のようになる．

$$v_0 = -Kv' = -K \cdot \frac{\dfrac{1}{1+K} \cdot \dfrac{1}{j\omega C}}{R + \dfrac{1}{1+K} \cdot \dfrac{1}{j\omega C}} v_i$$

$K \gg 1$ とすると次式が得られ，これを周波数特性として図示すると図 5.13（b）のようになる．

$$v_0 = \frac{-K}{1+j\omega CRK} v_i \tag{5.16}$$

図には，K を ∞ とした式（5.14）の特性（一点鎖線）と，C と R だけの，図 4.6（a）のような CR 積分回路の特性（破線）も合わせて示してある．式（5.16）の特性は，$1/CRK$ 以上の角周波数で積分特性となるが，この角周波数は，図に破線で示す CR 積分回路の場合でのしゃ断角周波数が $1/CR$ であるのに比較して $1/K$ だけ低い．このように，演算増幅器を用いると，低い周波数まで広

5.3 演算増幅器の応用

い周波数範囲にわたって積分動作が可能となる．

　良質で大きな値のコンデンサやインダクタンスを実現するのは容易ではないが，上のような原理で演算増幅器を応用すれば，低周波帯のフィルタ(ろ波器)でも容易に実現できる．これは**能動フィルタ**（active filter）と呼ばれ広く利用されている．

【例題 5.1】 質量 m の物体を落下させた時の各時刻の速度や位置（変位）の値を出力する回路を作れ．

解 運動方程式は，変位を y，質量を m，力を f とすると次のようになる．

$$f = m\frac{d^2y}{dt^2}$$

図5.14のように積分回路を組み合わせる．力 f を入力すると，1段目の積分回路の出力として速度 $\left(\frac{dy}{dt}\right)$ の負の値が得られ，さらに2段目の積分回路の出力として変位（y）が得られる．例題では f に重力を用い，質量 m は1段目の積分回路定数 C_1R_1 で与える．回路の S_1, S_2 を閉じて，速度，変位の初期値（初速度始点）に相当する電圧 E_1, E_2 を C_1, C_2 に充電しておき，$t=0$ でスイッチ S_1 と S_2 を開くと，速度や変位の時間変化が出力される．　　　圞

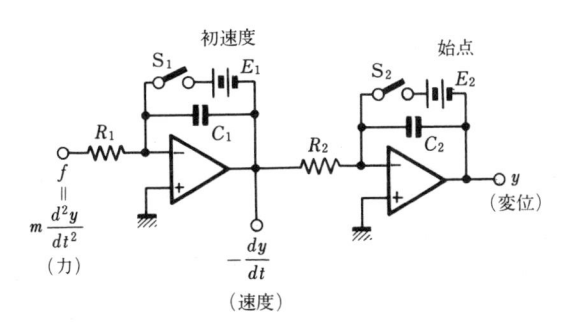

図 5.14 運動方程式を解くアナログ計算機

　以上のような方法により，微分方程式で表される物理現象を電子回路でシミュレーションすることができ，**アナログ計算機**（analog computer）として用いられる．

（8） スイッチトキャパシタ回路

図5.15（a）のようにコンデンサをスイッチでつなぎかえて電荷を移送する場合，クロック周波数をf_C，入力電圧をVとすると，平均電流$\overline{I}$は次のようになる．

$$\overline{I}=f_C Q = f_C C V$$

ここでQは，Vによってコンデンサに蓄えられる電荷であり，この回路は$1/f_C C$の値を持つ抵抗に等価な働きをする．このような回路を**スイッチトキャパシタ回路**（switched capacitor circuit）と呼ぶ．

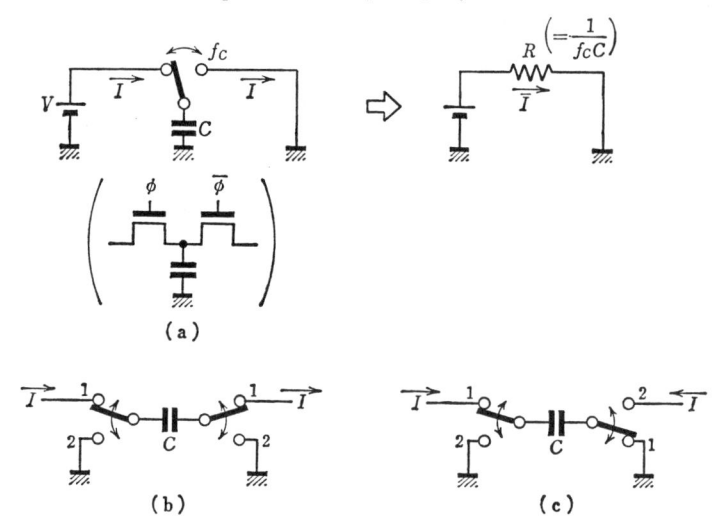

図 5.15　スイッチトキャパシタ回路の原理

実際の回路では，スイッチには主にMOSトランジスタが用いられる．なお同図（b）の回路も（a）と機能的には同じ働きをする．（b）の回路でスイッチの操作の仕方を変え（c）のように動かすと，出力側の電流の向きを逆にすることもできる．

このような回路を演算増幅器と組み合わせると，フィルタ回路をIC化するような場合に有効である．図5.16（a）はこれを積分回路に応用した例であるが，積分時定数はクロック周波数f_Cによって電気的に変えることができる．

5.3 演算増幅器の応用

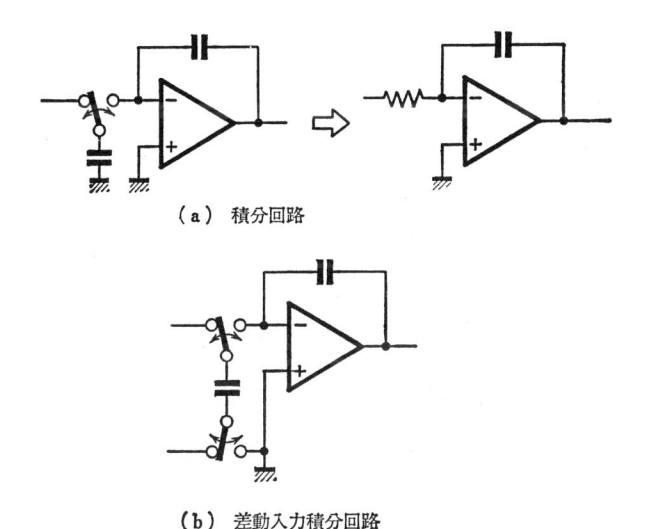

（a）積分回路

（b）差動入力積分回路

図 5.16 スイッチトキャパシタ形積分回路

また（b）のようにすれば2端子間の電位差を積分する差動入力形の積分回路を構成することも可能である．このようなコンデンサの使い方はフライングキャパシタと呼ばれる．

（9）対数変換回路

帰還路に非線形素子を入れることによって，絶対値回路，折線関数発生回路などの各種の非線形回路を実現できる．図5.17の例ではこれにダイオードを用いているが，ダイオードの電圧，電流特性は指数関数で表され，これから V_0 は次のように，入力電圧 V_i の対数となることがわかる．

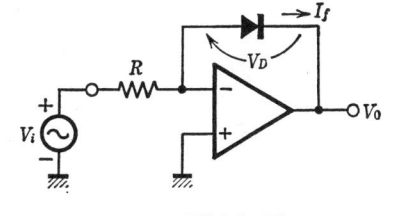

図 5.17 対数変換回路

$$I_f \simeq I_0 e^{\frac{qV_D}{kT}}$$

$$V_0 = -V_D = -\frac{kT}{q}\ln\left(\frac{I_f}{I_0}\right) = -\frac{kT}{q}\ln\left(\frac{V_i}{I_0 R}\right) \qquad (5.16)$$

(10) 比較回路とシュミットトリガ回路

信号の電圧 V_i が基準電圧 V_S に較べて大きいか，または小さいかを出力するのが**比較回路**（comparator）で，アナログ信号をディジタル信号にする A/D 変換回路などに用いられる．図 5.18（a）のように演算増幅器によってこれを実現できるが，図のように V_i が V_S に近い値の時に雑音などの影響によって出力が複数回反転することがある．

この問題を解決するには，図 5.18（b）の**シュミットトリガ回路**（Schmitt trigger circuit）が用いられる．これは出力電圧を正帰還することによってヒステリシス（履歴特性）を持たせたものである．＋端子の電圧は基準電圧 V_S から，出力電圧の $R_2/(R_1+R_2)$ 倍の電圧だけずれているため，図に示すような入出力電圧特性となる．このほか演算増幅器に正帰還を用いて，発振回路を

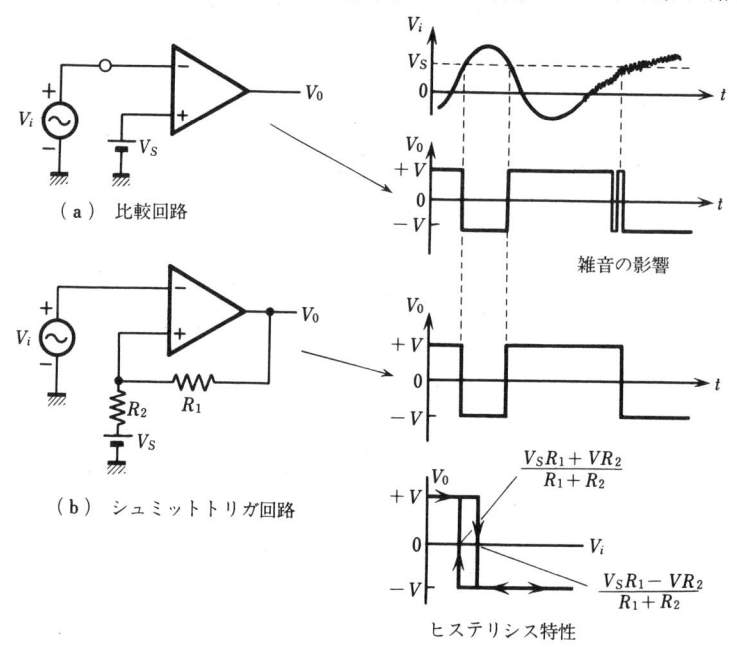

図 5.18 比較回路とシュミットトリガ回路

構成することもできる．

演習問題

[1] 問図 5.1 の回路において，演算増幅器は理想的なものであるとして，その電圧利得を表す式を求め，この回路の働きについて述べよ．

[2] 図 5.11 に示した計装増幅回路の出力電圧を表す式 (5.13) を導出せよ．

[3] 問図 5.2 の回路の入出力電圧の関係を図示し，その動作を説明せよ．

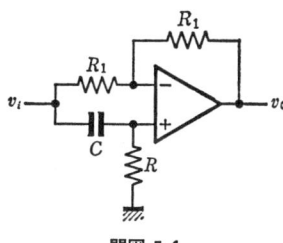

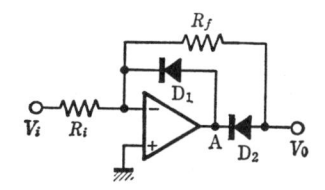

問図 5.1

問図 5.2

[4] 問図 5.3 の回路の電圧利得を求めよ．

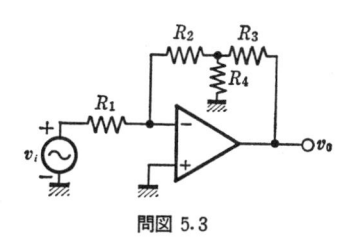

問図 5.3

[5] 問図 5.4 (a)(b)(c) の回路の周波数特性を図示せよ（利得，しゃ断周波数を

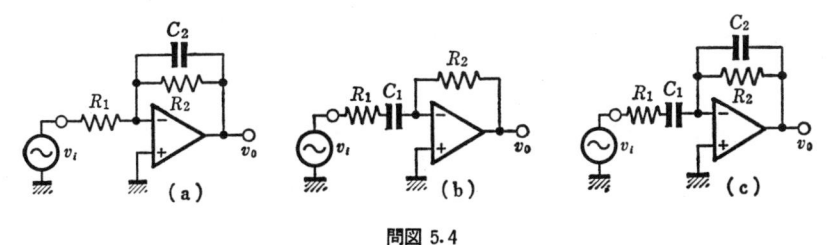

問図 5.4

記入).

[6] 問図5.5の差動増幅回路で，非対称な信号源抵抗R_Sによって，弁別比がどのようになるか計算せよ．

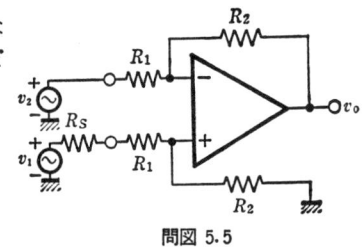

問図 5.5

[7] 図5.4の等価回路から式 (5.3) を導出せよ．

6 発振回路

6.1 発振回路の種類

　周期的な電圧や電流を発生する回路が**発振回路**（oscillator）である．4.4節で説明したように，正帰還回路で，発振条件すなわちループ利得（$K\beta$）が1である時に，発振回路として働く．なお増幅器の入出力特性が線形領域の時にループ利得が1以上であっても，発振振幅が大きくなると出力が飽和し実効的なループ利得は1となる．このため実際には $K\beta \geq 1$ が発振条件となる．

　発振回路をその動作原理で分類し，表6.1に示してある．以下の6.2〜6.4節では，主に正弦波の発生に用いられる**帰還4端子発振回路**（feedback four terminal oscillator）について，また6.5節では方形波などの不連続波を発生する**し張発振回路**（relaxation oscillator）について，6.6節では2端子の負性抵抗素子を用いた**負性抵抗発振回路**（negative resistance oscillator）についてそれぞれ説明する．

表 6.1　発振回路の分類

```
                          ┌ LC 発振回路    ┌ 反結合形
                          │ (6.2節)       ┤ 3 端子形
┌ 帰還4端子発振回路        │              └ ほか
│ （主に正弦波）          ┤ 水晶発振回路 (6.3節)
│                         │ CR 発振回路    ┌ 移相形
┤                         └ (6.4節)       └ ターマン形
│ し張発振回路〔不連続波   ┌ 非安定マルチバイブレータ
│ （方形波，のこぎり波など）〕(6.5節) ┤
│                         └ ブロッキング発振回路
└ 負性抵抗発振回路 (6.6節)
```

6.2 LC 発振回路

コイルとコンデンサからなる LC 共振回路を用いた同調増幅回路について，4.3.3 で説明した．この LC 共振回路（LC 同調回路）を用いて高周波を発振させるものが LC 発振回路（LC oscillator）である．

図 6.1 の LC 共振回路で，コンデンサに電荷を蓄えておきスイッチを入れる

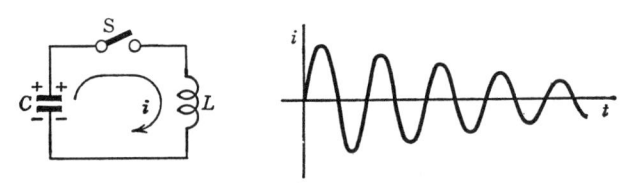

図 6.1　LC 共振回路における減衰振動

と，図のような減衰振動を生じる．コイルの抵抗などのため，振動エネルギーは失われていくが，これにエネルギーを補給し続ければ振動を継続させることができる，これには以下のような反結合形と 3 端子形の二つの回路方式がある．

(1) 反結合形（変圧器結合形）

反結合形発振回路（back coupling oscillator）は変圧器結合形発振回路とも呼ばれ，図 6.2 (a) のように，LC 同調回路からトランスを介して信号を取り出し，これを増幅して正帰還になるようにしたものである．図の回路は，コレクタ同調発振回路と呼ばれるもので，解析のために同図 (b) にはその等価回路を示してある．

(a) コレクタ同調発振回路　　(b) 等価回路

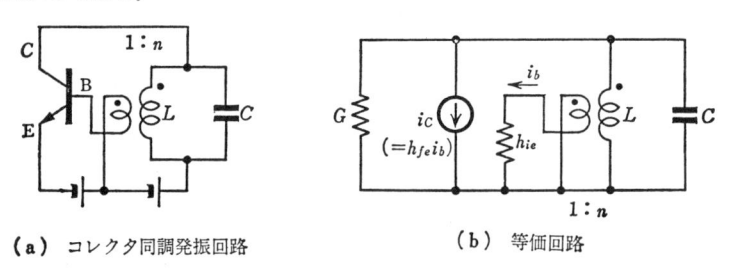

図 6.2　コレクタ同調発振回路の原理

6.2 LC 発振回路

コイルの直列抵抗分を式（4.71）に従って等価変換し，これをトランジスタの出力抵抗と並列接続したものが図の並列コンダクタンスGにあたる．

トランスの巻数比をnとすると，コレクタ電流源の電流i_Cによって生じるベース電流i_Bは次のようになる．

$$i_B = \frac{1}{n} \cdot \frac{i_C}{G + j\omega C + \dfrac{1}{j\omega L}} \cdot \frac{1}{h_{ie}} \tag{6.1}$$

i_B/i_Cは電流帰還率βである．またi_C/i_Bはトランジスタの電流利得h_{fe}でこれをKとすると，発振条件（$K\beta \geq 1$）から次の式が得られる．

$$\frac{h_{fe}}{nh_{ie}} \cdot \frac{1}{G + j\left(\omega C - \dfrac{1}{\omega L}\right)} \geq 1 \tag{6.2}$$

上式の実数項と虚数項とから，それぞれ発振に必要な電流増幅率h_{fe}と発振角周波数ωの値が次のように求まる．

$$h_{fe} \geq nh_{ie}G \tag{6.3}$$

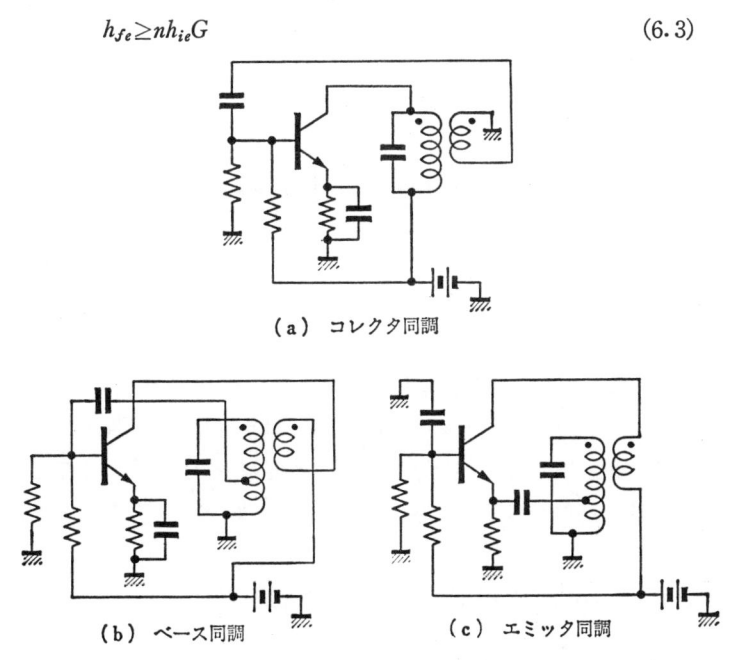

（a）コレクタ同調

（b）ベース同調　　　　　（c）エミッタ同調

図 6.3　反結合形 LC 発振回路

$$\omega = \frac{1}{\sqrt{LC}} \tag{6.4}$$

図6.3のように,コレクタ同調,ベース同調,エミッタ同調の3種類の反結合形 LC 発振回路を構成できる.なおこの図では電流帰還バイアス回路を使用している.

(2) 3 端 子 形

トランスを用いない LC 発振回路として,図6.4のような,**ハートレー発振回路** (Hartley oscillator) と**コルピッツ発振回路** (Colpitts oscillator) がある.図中のRFC(高周波チョーク)は直流だけを通し,交流分をしゃ断するために用いる.これらは**3端子形発振回路** (three terminal oscillator) と呼ばれ,それぞれコイルとコンデンサを分割することで,位相が反転した端子電圧となるようにし,これをトランジスタと組み合わせて正帰還回路を構成したものである.

(a) ハートレー発振回路　　(b) コルピッツ発振回路

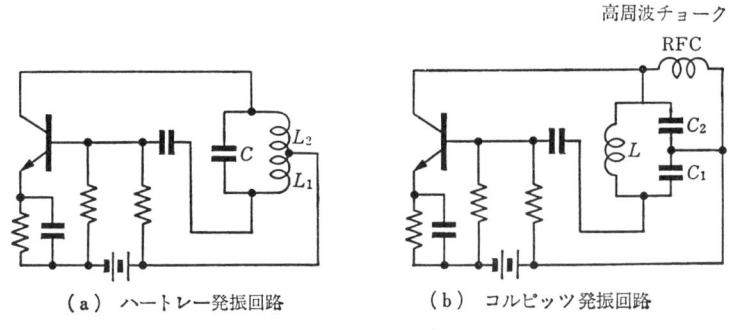

図 6.4　3端子形発振回路

図6.5は,これらの原理を説明するためのもので,バイアス回路などは省略してある.図の(a)はハートレー回路,(b)はコルピッツ回路であり,(c)はトランジスタを等価回路で表し,同時に3端子形を一般化した等価回路である.(c)の図で動作を解析し,発振条件に必要な h_{fe} の値や発振角周波数 ω を求めてみる.

トランジスタの電流利得 K は次のとおりである.

$$K = \frac{i_C}{i_B} = h_{fe}$$

6.2 LC発振回路

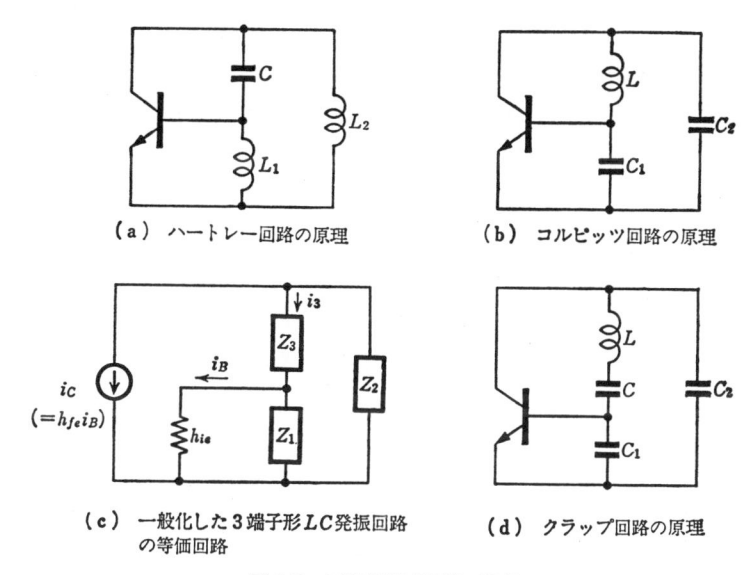

図 6.5 3端子形発振回路の原理

(a) ハートレー回路の原理
(b) コルピッツ回路の原理
(c) 一般化した3端子形LC発振回路の等価回路
(d) クラップ回路の原理

また電流帰還率βは，図（c）でZ_3の電流をi_3とすると，以下のようになる．

$$\beta = \frac{i_B}{i_C} = \frac{i_3}{i_C} \cdot \frac{i_B}{i_3} = \frac{-Z_2}{Z_2 + Z_3 + \dfrac{Z_1 h_{ie}}{Z_1 + h_{ie}}} \cdot \frac{Z_1}{Z_1 + h_{ie}}$$

$$= \frac{-Z_1 Z_2}{h_{ie}(Z_1 + Z_2 + Z_3) + Z_1(Z_2 + Z_3)}$$

発振条件$K\beta \geq 1$より，

$$Z_1(Z_2 + Z_3) + h_{fe} Z_1 Z_2 + h_{ie}(Z_1 + Z_2 + Z_3) \leq 0$$

Z_1, Z_2, Z_3が純リアクタンスで，jX_1, jX_2, jX_3であれば，前2項の実数項と第3項の虚数項からそれぞれ次のような式が得られる．

$$h_{fe} \geq \frac{-(X_2 + X_3)}{X_2} \tag{6.5}$$

$$X_1 + X_2 + X_3 = 0 \tag{6.6}$$

式（6.6）を式（6.5）に代入すると次のようなる．

$$h_{fe} \geq \frac{X_1}{X_2} \tag{6.7}$$

式 (6.6) から発振周波数が決まり，式 (6.7) から発振に必要なトランジスタの h_{fe} が求まる．またこれらの式から，X_1 と X_2 は同符号で，X_3 はこれらと反対符号でなければならないことがわかる．これを満足するのが，図 6.5 の (a) と (b) の回路にあたる．

図 (a) のハートレー回路では，$X_1=\omega L_1$, $X_2=\omega L_2$, $X_3=-1/\omega C$ となるので，式 (6.7) から発振に必要な h_{fe} は次式で与えられる．

$$h_{fe} \geq \frac{L_1}{L_2} \tag{6.8}$$

また式 (6.6) からは，次のようにして発振角周波数 ω が求まる．

$$\omega L_1 + \omega L_2 - \frac{1}{\omega C} = 0$$

$$\omega = \frac{1}{\sqrt{C(L_1+L_2)}} \tag{6.9}$$

これに対し，図 (b) のコルピッツ回路では，$X_1=-1/\omega C_1$, $X_2=-1/\omega C_2$, $X_3=\omega L$ となり，式 (6.7) と式 (6.6) から発振に必要な h_{fe} と発振角周波数 ω の値それぞれは次のように求まる．

$$h_{fe} \geq \frac{C_2}{C_1} \tag{6.10}$$

$$\omega = \sqrt{\frac{1}{L}\left(\frac{1}{C_1}+\frac{1}{C_2}\right)} \tag{6.11}$$

図 6.5 (d) は，コルピッツ回路を変形した**クラップ発振回路** (Clapp oscillator) である．この回路では C_1, C_2 を C より十分大にして使用することにより，トランジスタのベース-コレクタ間容量の影響を受けないようにすることができ，発振周波数を安定化しやすい．発振角周波数は以下のようになる．

$$\omega = \sqrt{\frac{1}{L}\left(\frac{1}{C}+\frac{1}{C_1}+\frac{1}{C_2}\right)} \tag{6.12}$$

$C_1 C_2 \gg C$ の時は C_1, C_2 は無視できるので，次式のようになる．

$$\omega \approx \frac{1}{\sqrt{LC}} \tag{6.13}$$

6.3 水晶発振回路

水晶による電気的機械振動子を応用した**水晶発振回路**（crystal oscillator）は，特に安定な発振周波数を得るのに有効である．水晶に振動電圧を印加すると，圧電現象によって機械的振動を生じる．図6.6（a）には水晶振動子の構造とその等価回路を示してある．等価回路の図でr_0, L_0, C_0は機械的振動による分，またC_1は電極間の静電容量である．これらの代表的な数値は以下のようなものである．

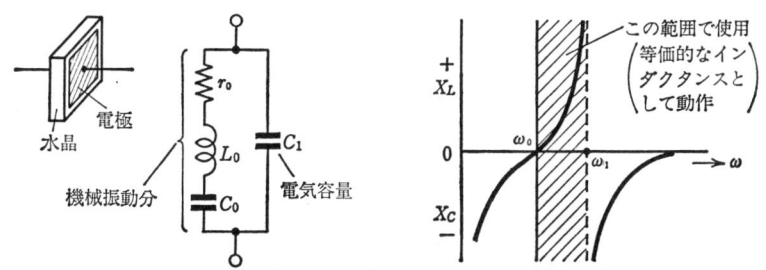

$$r_0 = 5\,\Omega, \quad L_0 = 12\,\mathrm{mH}, \quad C_0 = 10^{-2}\,\mathrm{pF}, \quad C_1 = 100\,\mathrm{pF}$$

(a) 構造と等価回路　　　　**(b)** リアクタンスの周波数特性

図 6.6　水晶振動子

水晶振動子のリアクタンスの周波数特性は，図6.6（b）に示されるようなものになり，この共振回路での直列共振角周波数ω_0，並列共振角周波数ω_1，およびQは以下の式で表される．

$$\omega_0 = \frac{1}{\sqrt{L_0 C_0}} \tag{6.14}$$

$$\omega_1 = \frac{1}{\sqrt{L_0 \dfrac{C_1 C_0}{C_1 + C_0}}} = \omega_0 \sqrt{1 + \frac{C_0}{C_1}} \tag{6.15}$$

$C_0 \ll C_1$の時は，

$$\omega_1 \approx \omega_0 \tag{6.16}$$

$$Q = \frac{\omega_0 L_0}{r_0} \tag{6.17}$$

これらの式に上の数値例を代入し,具体的な周波数 $f_0(=\omega_0/2\pi)$, $f_1(=\omega_1/2\pi)$ を計算すると次のようになる.

$f_0 = 14528792\,\text{Hz}$

$f_1 = 14529518\,\text{Hz}$

$f_1 - f_0$ および Q は次のとおりである.

$f_1 - f_0 = 726\,\text{Hz}$

$Q = 3.3 \times 10^4$

水晶の機械的な共振周波数は,その温度係数なども小さいため十分に安定である.またその振動における機械的損失も極めて少ないため,LC 同調回路に比べて Q は非常に大きい.

図 6.6 からわかるように,この共振回路のリアクタンスは f_0 と f_1 の間の周波数では正(誘導性)であり,これはインダクタンスと等価になる.

上の f_0 や f_1 の例からもわかるように,周波数 f_0 に比べ $f_1 - f_0$ の周波数範囲は非常に狭い.したがって,水晶をインダクタンスとして用いて発振回路を構成すると,電源電圧,温度,トランジスタのパラメータなどの影響を受けずに周波数が安定な発振回路を実現することができる.LC 発振回路の温度に対する安定度は $10^{-3} \sim 10^{-4}/°\text{K}$ であるのに対し,水晶発振回路では $10^{-5} \sim 10^{-8}/°\text{K}$ となる.

図 6.7 で,水晶発振回路の例として,図 6.5 の 3 端子形発振回路内のコイルを水晶で置き換えた,BE ピアース発振回路(ハートレー形),および BC ピアース発振回路(コルピッツ形)を取り上げ,その原理を示してある[†].これらの図の LC 同調回路は,(a)では誘導性,(b)では容量性のリアクタンスを持つ状態で発振させる.このほか(b)の LC 同調回路をコンデンサに置き換えた無調整発振回路と呼ばれる回路も用いられる.

水晶振動子の基本振動モードでの周波数は,15 MHz ほどが上限である.こ

[†] バイアス回路は省略してある.

れより高い周波数を発振させるには，水晶振動子の3倍や5倍の振動モードを利用する**オーバトーン発振**（overtone oscillation）が用いられる．

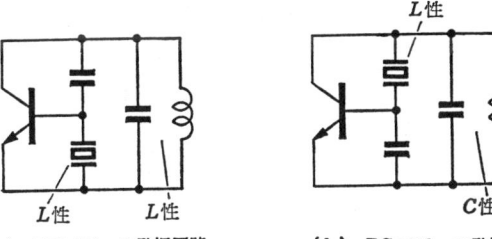

(a) BEピアース発振回路
（ハートレー形）

(b) BCピアース発振回路
（コルピッツ形）

図 6.7 水晶発振回路の原理

6.4 CR 発振回路

LC 発振回路は，大きな値の L が実現しにくいため低周波用には適していない．このため低周波の発振には，コンデンサと抵抗を用いた **CR 発振回路**（CR oscillator）が用いられる．

CR 発振回路には，利得が負の逆相増幅回路と移相回路とを組み合わせた**移相形発振回路**（phase-shift oscillator），および利得が正の正相増幅回路を用いた**ターマン形発振回路**（Terman oscillator）がある．

（1） 移相形発振回路

CR 回路では，位相が1段当り最大90°変化する．これを3段接続すると，最大270°変化することになるが，これを逆相増幅回路の帰還回路に用いると，位相が180°となる周波数で正帰還となり発振する．CR 回路を，位相を進ませるように用いる進相形（ハイパス形）と，逆に位相を遅らせるように用いる遅相形（ローパス形）とがある．

図 6.8（a）は進相形 CR 発振回路であり，破線内が3段の進相回路にあたる．同図（b）は，1段分の進相回路であるが，その電流伝達率の周波数特性

は以下のようになり，ω が $1/CR_S$ より小さい時は位相が進む．

$$i_0 = \frac{j\omega CR_S}{1+j\omega CR_S} i_S$$

図の（a）で発振周波数や発振条件を求めてみる．点 X, Y, Z の電位を v_x,

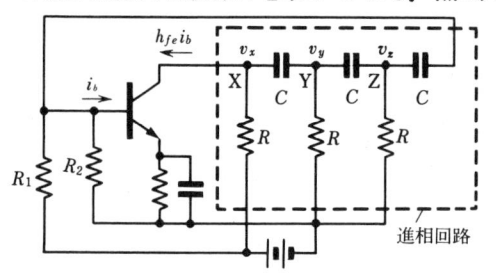

(a) 進相形（ハイパス形）CR 発振回路

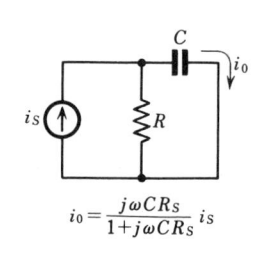

(b) 1段分の進相回路

$$i_0 = \frac{j\omega CR_S}{1+j\omega CR_S} i_S$$

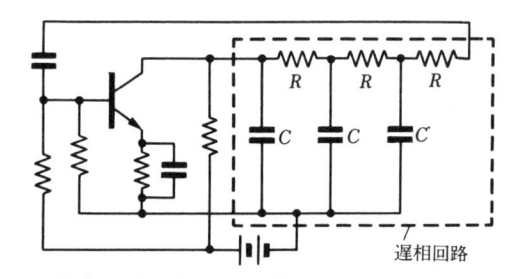

(c) 遅相形（ローパス形）CR 発振回路

図 6.8 移相形発振回路

v_y, v_z とし，それぞれの点でキルヒホッフの電流則を適用すると次式が得られる．なお，トランジスタの h_{ie} は十分小さいとして無視した．

$$h_{fe}i_b + j\omega C(v_x - v_y) + \frac{v_x}{R} = 0$$

$$j\omega C(v_y - v_x) + j\omega C(v_y - v_z) + \frac{v_y}{R} = 0$$

$$j\omega C(v_z - v_y) + j\omega C v_z + \frac{v_z}{R} = 0$$

$$i_b \geq j\omega C v_Z$$

以上から発振角周波数 ω_0 と発振に必要な h_{fe} の条件は次のようになる．

6.4 CR発振回路

$$\omega_0 = \frac{1}{\sqrt{6}CR} \tag{6.18}$$

$$h_{fe} \geq 29 \tag{6.19}$$

h_{fe} は，移相回路での電流の減衰を補うため，29以上必要である．

図6.8(c)には，遅相形CR発振回路を示すが，発振角周波数，発振条件は進相回路の場合と同じである．

(2) ターマン形発振回路

図6.9(a)はターマン形発振回路である．帰還路のCR回路における，入力電圧 v_1 に対する出力電圧 v_2 の関係は，次のようになる．

$$\frac{v_2}{v_1} = \frac{\dfrac{R}{1+j\omega CR}}{R + \dfrac{1}{j\omega C} + \dfrac{R}{1+j\omega CR}} = \frac{1}{3 + j\left(\omega CR - \dfrac{1}{\omega CR}\right)}$$

これの振幅 $|v_2/v_1|$ と位相 $\angle v_2/v_1$ の周波数特性を図示したものが，図6.9(b)である．ω が $\omega_0(=1/CR)$ の時位相変化がないため，これを正相増幅回路の帰還回路に用いると，その角周波数 ω_0 で発振する．また図からこの時の

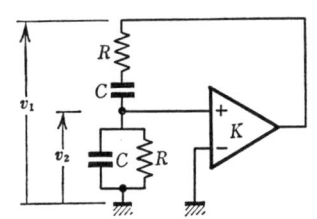

(a) 基本的なターマン形発振回路

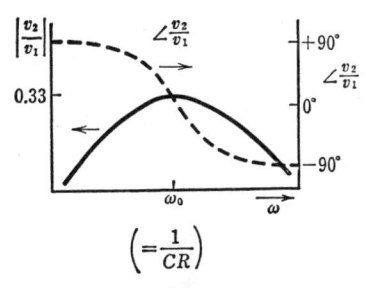

(b) 帰還路の振幅と位相の特性

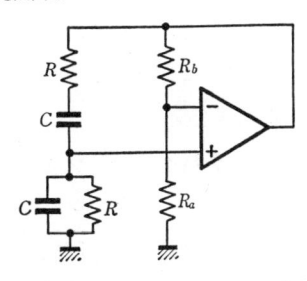

(c) ウィーンブリッジ発振回路

図6.9 ターマン形発振回路

振幅は1/3となるため，必要な増幅回路の利得Kは3以上となる．発振角周波数ω_0と発振条件の利得Kをまとめると以下のようになる．

$$\omega_0 = \frac{1}{CR} \tag{6.20}$$

$$K \geq 3 \tag{6.21}$$

CRの値を変化させれば，比較的広い範囲で発振周波数を変えることができる．

図6.9(c)は，上の回路に負帰還回路を加えることによって，振幅が一定でひずみの少ない正弦波を発生できるようにしたものであり，**ウィーンブリッジ発振回路**（Wien bridge oscillator）と呼ばれる．図のR_aとR_bによる負帰還作用で利得が過大にならないようにし，発振波形のひずみをおさえる．具体的にはR_bにサーミスタを用いるか，またはR_aにランプを用い，これによって振幅が大きくなると大きな負帰還が生じる効果を利用している．サーミスタは半導体で，温度上昇により抵抗は低下し，ランプは金属線であり抵抗は温度とともに増大するが，発熱量は電流の実効値で決まるため，波形の振幅に応じて，これらの抵抗値が変化することになる．

6.5　し張発振回路

方形波などの不連続波を発生する**し張発振回路**について説明する．

図6.10(a)のように，トランジスタTr_1とTr_2による二つの反転増幅回路の間をコンデンサで結合すると，二つのトランジスタが導通（オン）としゃ断（オフ）の状態を交互に繰り返し，(b)のような発振波形を生じる．この回路は**非安定マルチバイブレータ**（astable multivibrator）と呼ばれるもので，反転増幅回路（インバータ）を記号で表すと(c)のようになる．図でTr_1がオフ，Tr_2がオンの状態から，Tr_1がオン，Tr_2がオフという状態に反転する動作を考えてみる．Tr_1に電流I_{C1}が流れると，Tr_1のコレクタの電位は$R_{C1}I_{C1}$だけ立ち下がる．この電圧変化はコンデンサC_Aを通してTr_2のベースB2の電位を同

6.5 し張発振回路

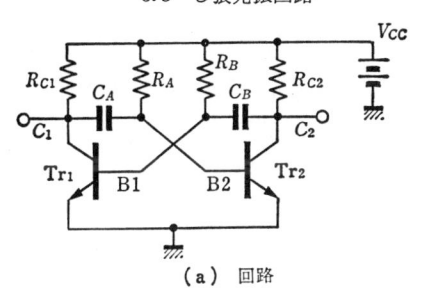

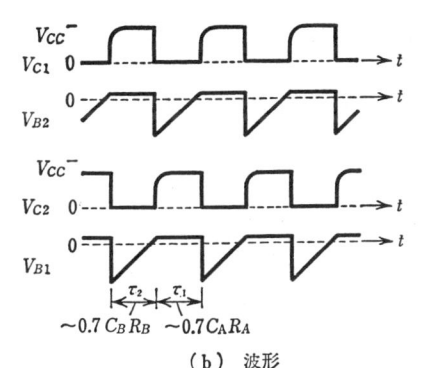

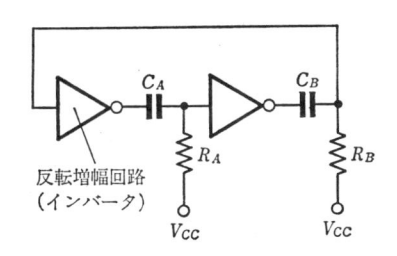

(a) 回路

(b) 波形

$\sim 0.7 C_B R_B \quad \sim 0.7 C_A R_A$

(c) 反転増幅回路の記号で表した回路図

図6.10 非安定マルチバイブレータ

じだけ引き下げる．これは，コンデンサC_Aの端子間電圧は，その電荷の充放電が生じない間一定に保たれているためである．これによってTr_2はオフ状態に入るが，その後，B2の電位は時定数$C_A R_A$を持つカーブで上昇してゆく．その電位がTr_2をオンにする電圧に達すると，同じようにして逆の状態（Tr_1がオフ，Tr_2がオン）に反転し，このような動作が繰り返される．発生する方形波パルスの時間幅τ_1, τ_2は，図中にも示すが次のようになり，発振周期はその和となる．

$$\tau_1 \approx 0.7 C_A R_A, \quad \tau_2 \approx 0.7 C_B R_B \tag{6.22}$$

図6.11はエミッタ結合形非安定マルチバイブレータ (emitter coupled astable multivibrator) と呼ばれる回路である．Tr_3とQ_4は制御電圧Tr_Cで決まる電流I_0を流すために用いられている．図は，Tr_1がオン，Tr_2がオフの時の状態で，Tr_1からの電流I_0でコンデンサCが充電されている．Cの充電が進むと，Tr_1が

オフ，Tr_2がオンとなり，これが交互に繰り返される．この回路は，V_Cによって発振周波数を変えることができ，**電圧制御発振回路**（Voltage Controlled Oscillator）VCO として用いられる．

し張発振回路にはこのほか，トランスを介して正帰還を施しパルス電圧などを発生する**ブロッキング発振回路**（blocking oscillator）もある．

非安定マルチバイブレータで発生した方形波をもとに，図6.12のように積分回路を用いて三角形を発生させ，これからさらに，非線形素子を負帰還に用いた折線近似回路で正弦波を発生させることなどが行われる．このような回路は**関数発生器**(function generator)として用いられる．特に低い周波数（10 Hz 以下）の正弦波は，CR発振回路で発生させると振幅が一定になるのに時間がかかり，この方形波から作る方式が有利である．

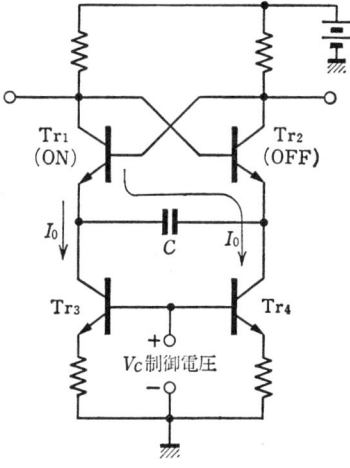

図 6.11 エミッタ結合形非安定マルチバイブレータ（電圧制御発振回路）

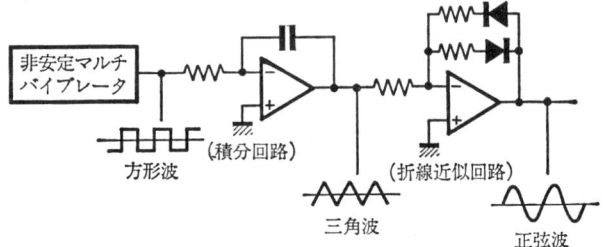

図 6.12 関数発生器の原理

6.6 負性抵抗発振回路

2端子の素子でも，図6.13のような電圧-電流特性となり**負性抵抗**(negative

6.6 負性抵抗発振回路

resistance) を持つものがある．図の (a) のような特性を持つものは電流制御形と呼ばれ，放電管などはこのような特性を持つ．これに対して，(b) のような特性のものは電圧制御形と呼ばれ，トンネルダイオードがその代表的なものである．

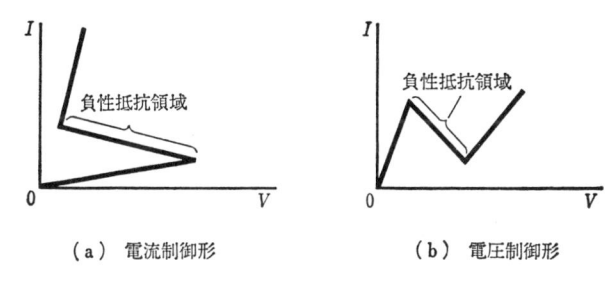

(a) 電流制御形 (b) 電圧制御形

図 6.13 負性抵抗素子の特性

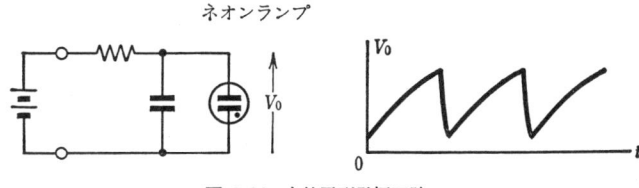

図 6.14 充放電形発振回路

図 6.14 のように，CR 回路にネオンランプなどの放電管を組み合わせると，抵抗を通してコンデンサが充電され放電電圧に達すると，ネオンランプを通して電流が流れてコンデンサが放電する．この充放電が繰り返されて図のような三角波が発生するが，この回路は**充放電形発振回路** (charge discharge oscillator) と呼ばれている．

LC 共振回路を負性抵抗素子と組み合わせると，正弦波を発生することもできる．図 6.15 (a) には，トンネルダイオードを用いた正弦波発生回路を示す．同図 (b) の特性上に示すように，負性抵抗領域 AB 間（点 Q）に動作点を持つように，直流電圧 E や抵抗 r を決め，r は負性抵抗の値 r_N より小さくする．この状態での微小信号等価回路は，同図 (c) のようになるが，これを図 4.43 の説明で行った等価変換を用いて変形すると，図 6.15 (d) のように r' で表せ

る．この回路は，r' による損失分を負性抵抗 r_N で補って振動を続ける発振回路と考えることができる．

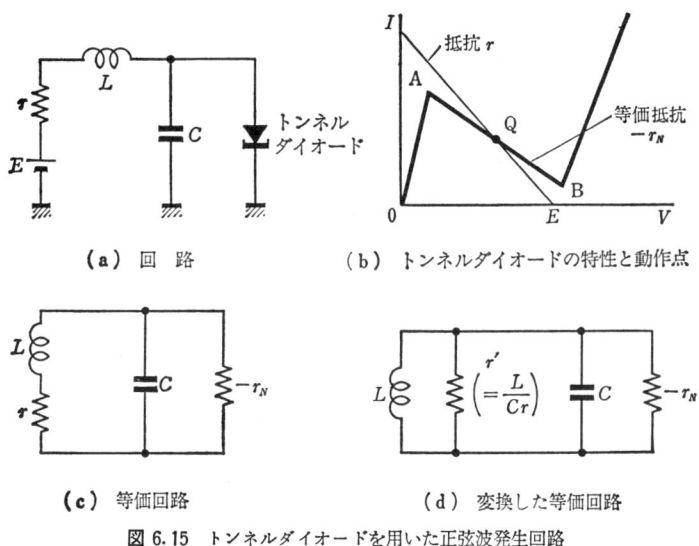

(a) 回　路

(b) トンネルダイオードの特性と動作点

(c) 等価回路

(d) 変換した等価回路

図 6.15　トンネルダイオードを用いた正弦波発生回路

演 習 問 題

[1] FET を用いたドレーン同調形 LC 発振回路の発振条件を求めよ．

[2] 演算増幅器を用いた進相形移相発振回路を図示し，その発振条件と発振周波数を示せ．

[3] 問図 6.1 はバイポーラトランジスタの電流増幅作用を用いたターマン形発振回路である．この回路の発振条件と発振周波数を求めよ．ただしトランジスタの h_{ie} は零と近似する．

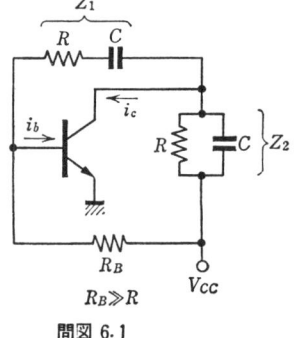

問図 6.1

7 電源回路

7.1 電源回路の種類

多くの電子装置では，一定電圧の直流電源を必要とする．電子装置以外でも，モータや照明などへの供給電力を効率よく制御することが重要であり，電子回路を用いた電力制御が用いられる．本章ではこの両者について説明する．

電子装置のための直流電源としては，電力消費が少ない場合や携帯用の場合に，使い捨てや充電式の電池，あるいは太陽電池などが使用されるが，多くの場合は交流の電灯線から整流して直流電圧を作る，**整流電源** (eliminator power supply) が用いられている．

図7.1 (a) は整流電源の構成である．交流電圧を**整流** (rectification) し，交流と直流を含む**脈流**とした後，**ろ波回路** (filter circuit) によってろ波し，直流分を取り出す．整流とろ波については7.2節で説明する．負荷によらず一定の電圧を供給するには，さらに安定化回路を必要とするが，これについては7.3節で述べる．

これとは逆に，直流から交流電源を作る回路は**インバータ** (inverter) と呼ばれる[†]．図7.1 (b) のように発振回路が用いられ，任意の周波数の交流を作れるため，特にモータの制御などに多く使用される．

このインバータの原理で直流から交流を作り，これから再び直流電源を作ることもできる．これは **DC-DC 変換器** (DC-DC converter) と呼ばれ，図7.1 (c) はその構成である．交流電圧に変換するとトランスを介して電力を送る

[†] ディジタル回路の否定回路もインバータと呼ぶので区別すること．

ことができ，その1次側と2次側で電気的な絶縁が可能になる．このため電気的に絶縁された電源を必要とする場合などに用いられる．

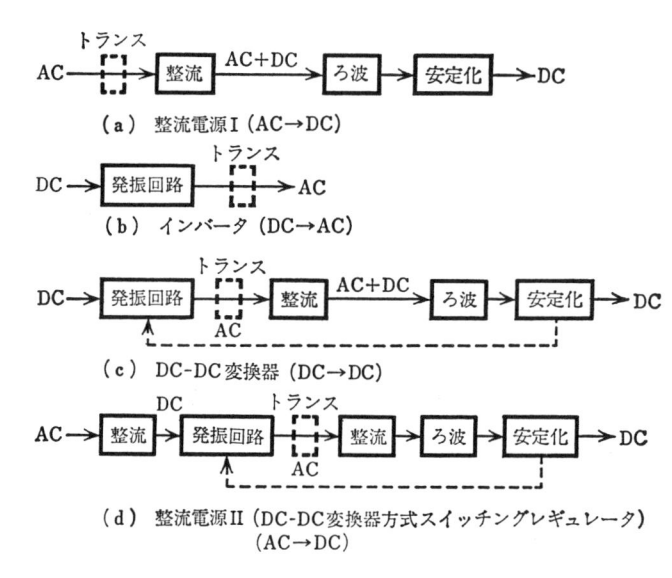

```
         トランス
AC ──→ [トランス] ──→ 整流 ──AC+DC──→ ろ波 ──→ 安定化 ──→ DC
         (a) 整流電源Ⅰ (AC→DC)

                 トランス
DC ──→ 発振回路 ──→ [トランス] ──→ AC
         (b) インバータ (DC→AC)

               トランス
DC ──→ 発振回路 ──→ [トランス] ──→ 整流 ──AC+DC──→ ろ波 ──→ 安定化 ──→ DC
                      AC
         (c) DC-DC変換器 (DC→DC)

           DC    トランス
AC ──→ 整流 ──→ 発振回路 ──→ [トランス] ──→ 整流 ──→ ろ波 ──→ 安定化 ──→ DC
                              AC
         (d) 整流電源Ⅱ (DC-DC変換器方式スイッチングレギュレータ)
             (AC→DC)
```

図 7.1 各種の電源回路

このほか，図7.1(d)のように，交流を整流して直流を作り，これからDC-DC変換器の原理で直流を作る整流電源も多く用いられている．7.3節で説明するDC-DC変換器方式スイッチングレギュレータはこれにあたる．

7.4節では電力制御に関する説明を行う．

7.2 整流方式とろ波

ダイオードによる整流回路から得られた脈流の波形は，直流分のほかに**脈動**(ripple)と呼ぶ交流分を含む．この脈動を取り除くには，低域通過形のろ波回路が用いられ，これは**平滑回路**とも呼ばれる．なお，ここでは単相交流を整流する単相整流回路について説明するが，3相交流波形を整流する3相整流回

7.2 整流方式とろ波

路もあり，これは大電力の場合に用いられる．

このような回路で，性能評価の指標となるものは，次の，**整流能率**（efficiency of rectification）η，**脈動率**（ripple factor）γ および**電圧変動率**（voltage regulation factor）δ である．

$$\eta = \frac{\text{負荷に供給される直流電力}}{\text{交流電源から供給される電力}} \tag{7.1}$$

$$\gamma = \frac{\text{整流出力電圧波形中の交流分の実効値}}{\text{整流出力電圧波形の平均値（直流電圧）}} \tag{7.2}$$

$$\delta = \frac{V_0 \text{（無負荷時の直流電圧）} - V_L}{V_L \text{（全負荷時の直流電圧）}} \tag{7.3}$$

図7.2（a）には，**半波整流回路**（half-wave rectifier circuit）とその出力電圧波形を示す[†]．直流電圧分は電圧波形の平均値であり，この場合は波形のピーク電圧 V_p の $1/\pi$（≈0.32）にあたる．η の最大値 η_{max} は40.6％，γ は約1.21である．

これに対して，図7.2（b）に示す**全波整流回路**（full-wave rectifier circuit）では，直流電圧分は半波整流回路の2倍（≈$0.64V_p$）であり，また η_{max} は81.2％と大きく，γ は0.482と小さい．（b）の全波整流回路のうち，下の**ブリッジ整流回路**（bridge rectifier circuit）ではトランスの巻線数が上の回路の半分ですむ．

なおろ波回路のところで述べるように，出力端にコンデンサを接続すれば，最大の直流電圧は波形のピーク電圧 V_p となる．ダイオードとコンデンサを組み合わせると，交流電圧の振幅よりも大きな直流電圧を得ることができる．図7.3は**倍電圧整流回路**（voltage doubler circuit）と呼ばれるもので，（a）（b）では出力開放時の電圧は $2V_p$ となる．また同図（c）のようにダイオードとコンデンサの回路を接続していき直流出力電圧を大きくすることもでき，これは**コッククロフト高電圧発生回路**（Cockcroft high voltage generation circuit）と呼ばれる．なおこれらの回路では，負荷電流によってコンデンサの電圧が低下し出力電圧が下がる．このため倍電圧整流回路は負荷電流が小さい場合に使

[†] 図ではトランスも含めた整流回路として示した．

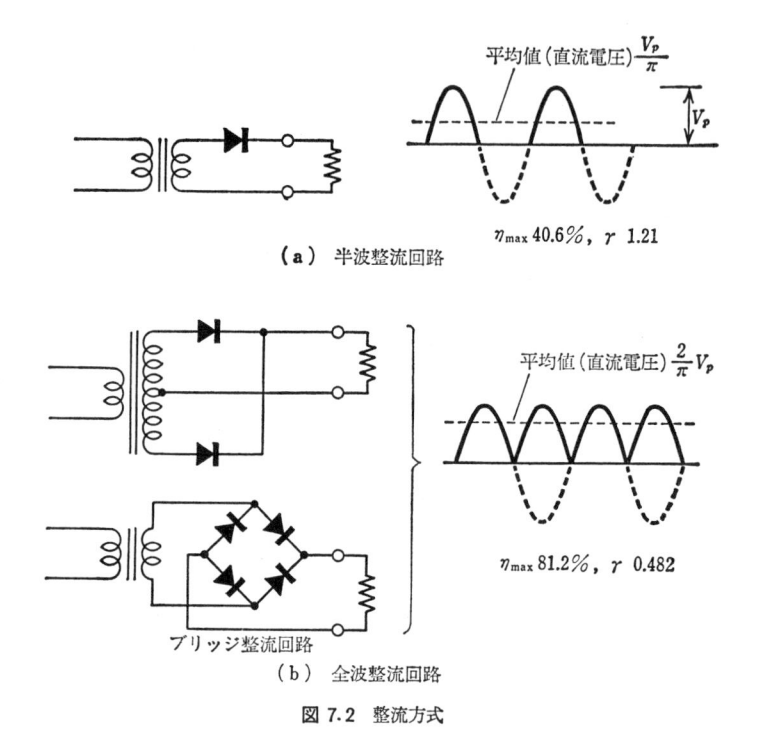

図 7.2 (a) 半波整流回路 平均値(直流電圧)$\frac{V_p}{\pi}$ η_{max} 40.6%, γ 1.21

(b) 全波整流回路 ブリッジ整流回路 平均値(直流電圧)$\frac{2}{\pi}V_p$ η_{max} 81.2%, γ 0.482

図 7.2 整流方式

用される.

次にろ波回路について説明する.

図7.4 (a) のように,整流回路の後にコンデンサを接続した**コンデンサ入力形** (condenser input) について考える.コンデンサにはトランスからの最大電圧が保持され,負荷抵抗 R_L がない時 ($R_L=\infty$) には,出力電圧は一定で V_p となる.R_L が小さくて負荷電流が流れると,図7.3 (b) に示す出力電圧 V_0 の波形のように脈流を生じ,脈動率 γ は大きくなる.トランスからの電圧 V_i が V_0 より大きい時は,ダイオードが順方向動作することになり,図のように,ダイオードには間欠的な電流が流れる.コンデンサ C の容量が大きいほど,負荷電流による電圧低下は少なく,脈動率 γ だけでなく,電圧変動率 δ も小さくなる.なおダイオードに加わる逆方向電圧は $2V_p$,すなわち交流電圧の実効値

の$2\sqrt{2}$倍（約3倍）となる．

図7.4（c）は，並列コンデンサの代わりに直列のインダクタンスを用いたろ波回路で，**チョーク入力形**（choke input）と呼ばれる[†]．この回路の場合は，

（a）半波電圧2倍回路
（開放出力電圧$2V_p$）

（b）全波電圧2倍回路
（開放出力電圧$2V_p$）

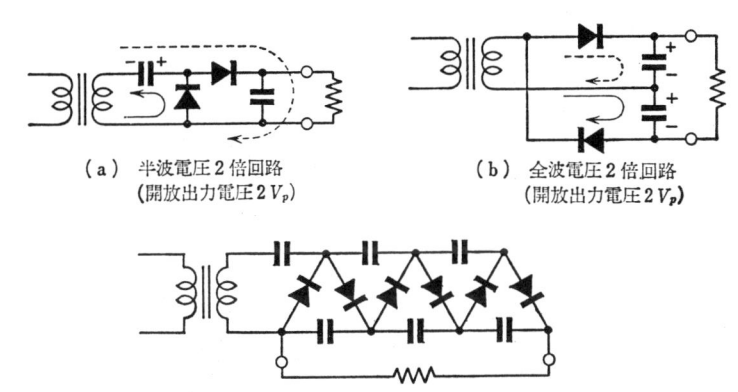

（c）コッククロフト高電圧発生回路（開放出力電圧$6V_p$）

図7.3 倍圧整流回路

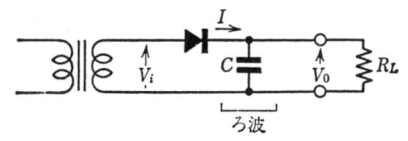

（a）コンデンサ入力形ろ波回路

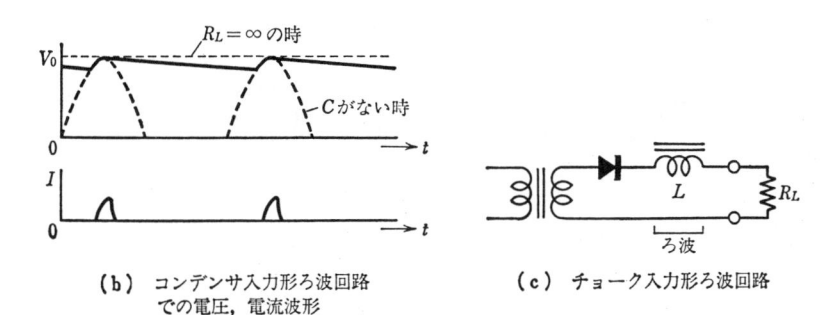

（b）コンデンサ入力形ろ波回路
での電圧，電流波形

（c）チョーク入力形ろ波回路

図7.4 ろ波回路

負荷電流が流れるほどチョークコイルで交流成分の電圧降下を生じる．このため負荷抵抗R_Lが小さいほど脈動率γは小さい．無負荷の時はコンデンサ入力形とほぼ同じ出力電圧で，少し電流を流すと電圧が低下し，一定電圧になる．この直流出力電圧は交流電圧の実効値$V_m(=V_p/\sqrt{2})$の約0.9倍となり，この値は負荷によらずほぼ一定であるため，電圧変動率δは小さい．この回路は一般に負荷電流が大きい場合に使用される．

このほか，チョークコイルや抵抗を負荷と直列に，コンデンサを負荷と並列に接続した，LCろ波回路やRCろ波回路も使用される．

7.3 直流安定化電源

電子回路用の電源としては，負荷電流によらず一定の直流電圧を供給できること，すなわち電圧変動率δが小さいこと，また交流側の電圧変動の影響を受けないことが望ましい．このため定電圧回路を用いた**直流安定化電源**（DC regulated power supply）が用いられる．

電圧を安定化するには，電圧の基準となるものが必要である．これにはダイ

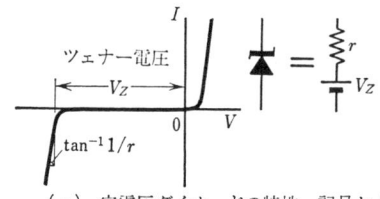

（a）定電圧ダイオードの特性，記号および等価回路

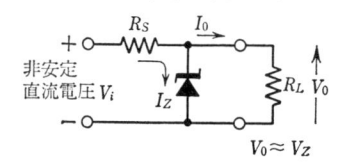

（b）定電圧ダイオードだけによる定電圧回路

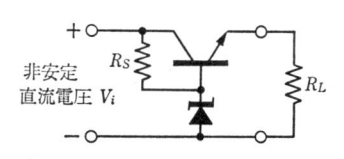

（c）エミッタホロアにより大電流を取り出せるようにした定電圧回路

図 7.5　定電圧ダイオードを用いた定電圧回路

---

† インダクタンスを持つコイルはインダクタあるいはチョークコイルと呼ばれる

7.3 直流安定化電源

オードの逆方向特性の降伏電圧が用いられる．図7.5（a）にはこの目的で使用される定電圧ダイオードの特性と記号，および定電圧動作をしている時の等価回路を示してある．降伏電圧 V_Z はツェナー電圧，r は動作抵抗と呼ばれる．

最も簡単な定電圧回路は，図7.5（b）のように，定電圧ダイオードに逆方向で電圧を印加し，その端子電圧を直接用いるものであるが，この回路では大きな電流を取り出すことは難しい．

図7.5（c）は，エミッタホロアを用いて大きな電流を取り出せるようにした定電圧回路である．

【例題 7.1】 図7.5の（b）と（c）の回路で，電圧変動率 δ を求めよ．用いる数値例は以下のとおりとし，トランジスタの h_{fe} は100 とし，V_{BE} は無視する．

$$V_i=10\,\text{V},\quad V_Z=6\,\text{V},\quad R_S=1\,\text{k}\Omega,\quad R_L=10\,\text{k}\Omega$$

ツェナーダイオードの動作抵抗 r は $5\,\Omega$ とする．

解 （b）の回路では次式が成り立つ．

$$I_Z+I_0=\frac{V_i-V_0}{R_S}\approx\frac{V_i-V_Z}{R_S}=4\,\text{mA}$$

出力開放時の I_Z, I_0 を $I_{Z\infty}, I_{0\infty}$ とすると，

$$I_{0\infty}=0\,\text{mA},\quad I_{Z\infty}=4\,\text{mA}$$

R_L を $10\,\text{k}\Omega$ とした時は，

$$I_0=\frac{V_0}{R_L}\approx\frac{V_Z}{R_L}=0.6\,\text{mA}$$

$$I_Z=4-0.6=3.4\,\text{mA}$$

これから $I_{Z\infty}-I_Z(\equiv\Delta I_Z)$ は I_0 と等しく $0.6\,\text{mA}$ となる．動作抵抗 r から電圧変動分 ΔV_Z は次のように求まり，これから電圧変動率 δ を計算できる．

$$\Delta V_Z=r\Delta I_Z=3\,\text{mV}$$

$$\delta=\frac{\Delta V_Z}{V_Z}=5\times10^{-4}$$

次に（c）のエミッタホロアを用いた回路について考えると，トランジスタのベース電流の変化は I_0/h_{fe} で，$0.006\,\text{mA}$ と少ないため，これによる電圧変

動分 ΔV_Z や δ も次のように小さな値となり，電圧安定性にすぐれていることがわかる．

$$\Delta V_Z = r\Delta I_Z = r\frac{I_0}{h_{fe}} = 0.03\,\text{mV}$$

$$\delta = \frac{\Delta V_Z}{V_Z} = 5\times 10^{-6} \qquad \text{終}$$

定電圧化するには，定電圧制御用の素子を負荷と直列にする方法と，逆に負荷と並列にする方法がある．図7.5(c)は前者の例であり，**直列形定電圧回路** (series regulator) と呼ばれる．また同図(b)は後者の**並列形定電圧回路** (parallel regulator) の例である．

電圧変動率を小さくするには，出力電圧を基準電圧と比較して負帰還をかける**負帰還定電圧回路** (negative feedback regulator) が用いられ，これには連続制御形とスイッチング制御形がある．

図7.6(a)は**連続制御形負帰還定電圧回路**の原理で，出力電圧が基準電圧と一致するように負帰還をかけ，負荷と直列に接続した抵抗R_Cの値を変えるものである．これは4.4節で説明した電圧帰還に相当する．負帰還の働きで出力抵抗を下げ理想に近い定電圧源として動作させている．負荷電流をI_Cとする

(a) 原理

(b) 整流電源の回路

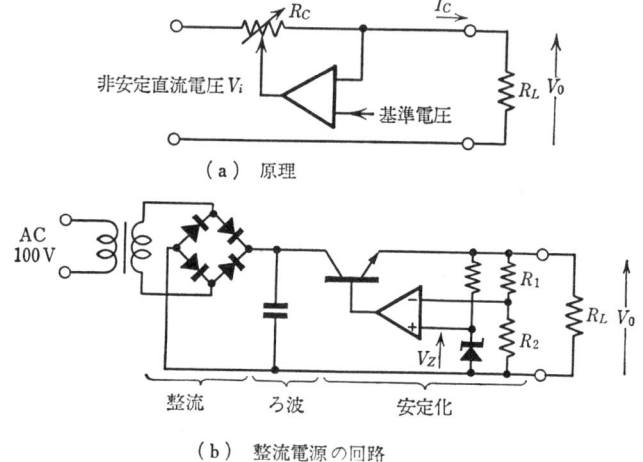

図7.6 シリーズレギュレータ

7.3 直流安定化電源

と損失電力 P_C は $I_C^2 R_C$ となる．図7.6（b）には，整流回路や平滑回路を含む整流電源（直流安定化電源）の回路を示した．図の（a）の直列抵抗 R_C として，実際には電力用のトランジスタが用いられており，また出力電圧 V_0 は抵抗 R_1, R_2 で電圧分割されて基準電圧 V_Z と比較され，次式のようになるため，その抵抗比を変えて出力電圧を変化させることができる．

$$V_0 = \frac{R_1 + R_2}{R_2} V_Z$$

連続制御形では電力損失が避けられない．これに対して，図7.7（a）のようにスイッチとろ波回路を使用し，スイッチの導通（on）非導通（off）の時間幅を変えて出力電圧を制御することもできる．これがスイッチング制御形の原理で，これによる**スイッチング制御形負帰還定電圧回路は一般にスイッチングレギュレータ**（switching regulator）と呼ばれ広く用いられる．

すなわち，図で出力電圧 V_0 と基準電圧を比較してその偏差が零となるように，スイッチのonの時間 T_{on} とoffの時間 T_{off} を変化させる．on時とoff時のスイッチの抵抗を R_{on}, R_{off} とし，その電流を I_{on}, I_{off} とすると損失電力 P_C は次のように表される．

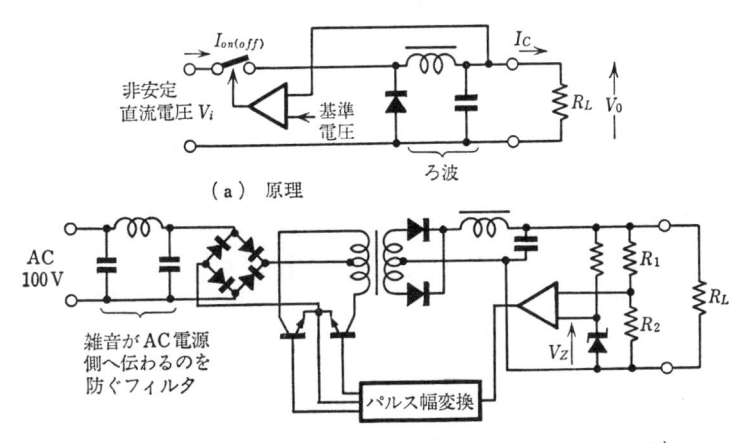

（a）原理

（b）整流電源の回路（DC-DC変換方式スイッチングレギュレータ）

図7.7 スイッチングレギュレータ

$$P_C = \frac{T_{on}}{T_{on}+T_{off}} I_{on}^2 R_{on} + \frac{T_{off}}{T_{on}+T_{off}} I_{off}^2 R_{off} \qquad (7.4)$$

スイッチが理想的であるとすると，R_{on} と I_{off} は零となるため上式の第1項と第2項がそれぞれ零で，損失電力 P_C はないことになる．このため電力効率が高く，発熱も少ない．

図5.15のスイッチトキャパシタ回路のところで説明したように，このようなon，offするスイッチとコンデンサの組合せは抵抗に等価な働きをさせることができる．なお図7.7（a）でダイオードDは転流用ダイオードと呼ばれ，スイッチオフ時にチョークコイルLに蓄えられたエネルギーを負荷側に放出するためのものである．

図7.7（b）には，スイッチングレギュレータによる整流電源（直流安定化電源）を示してある．この構成は図7.1（d）でも説明したように，DC-DC変換方式であり，入出力間はトランスで電気的に絶縁されている．交流を整流して直流とし，スイッチング回路すなわち発振回路で数十kHzの交流を作り，トランスで電圧変換した後，整流・ろ波を行って出力電圧を得る．出力電圧を基準電圧と比較し，その偏差電圧に応じてスイッチングのパルス幅を制御し定電圧化する．シリーズレギュレータの場合と異なり，数十kHzの交流にしてトランスを通し，これを整流・ろ波する．周波数が高いためトランスやろ波用のコンデンサを小形，軽量なものにできる利点もある[†]．シリーズレギュレータに比べ，スイッチングによる雑音を発生しやすい問題があり，図のように，雑音を交流電源側へ伝えないためのフィルタなどが使用される．

【例題 7.2】 図7.7（a）に示した，スイッチングレギュレータの平滑回路の動作を説明し，出力電圧 V_{out}，および必要なLやCの値に関する関係式を求めよ．

解 図7.8（a）（b）には，それぞれスイッチがonの状態と，offの状態の等価回路を示してある．

onの状態では次式が成り立つ．

[†] 次の例題の式 (7.8) と式 (7.9) を参照．

7.3 直流安定化電源

$$V_{in} - V_{out} = L\frac{dI}{dt} \approx L\frac{\Delta I}{t_{on}} \tag{7.5}$$

図の（c）に示すように t_{on} はスイッチが on である時間，ΔI はその間での電流変化分である．

(a) スイッチが on 状態の等価回路

(b) スイッチが off 状態の等価回路

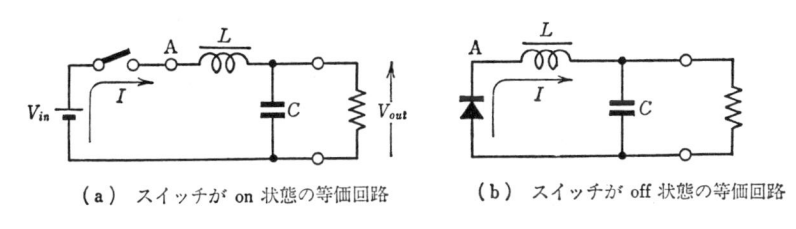

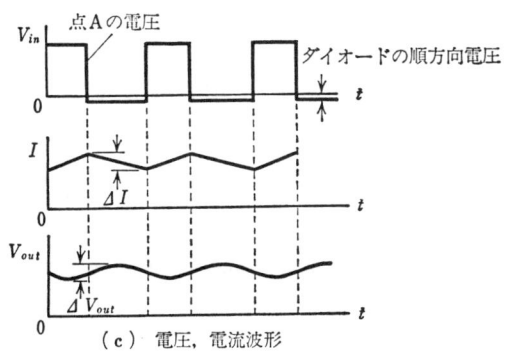

(c) 電圧，電流波形

図 7.8 スイッチングレギュレータにおけるろ波回路の動作

一方，スイッチが off の時間 t_{off} では，（b）のように電流はダイオードを通して流れ，近似的に次式が成り立つ．なおここではダイオードの順方向の電圧降下を無視する．

$$V_{out} \approx L\frac{dI}{dt} \approx L\frac{\Delta I}{t_{off}} \tag{7.6}$$

まず L を求めると，式（7.5）と式（7.6）より次式が成り立ち，t_{on} と t_{off} の和は 1 周期で，周波数 f の逆数となる．

$$t_{off} = \frac{V_{in} - V_{out}}{V_{out}} t_{on}$$

$$t_{on}+t_{off}=\frac{1}{f}=\frac{V_{in}}{V_{out}}t_{on}$$

これから出力電圧 V_{out} は，次のように1周期のうちの t_{on} の割合（デューティ比）に比例することがわかる．

$$V_{out}=V_{in}\times\frac{t_{on}}{t_{on}+t_{off}}=V_{in}ft_{on} \tag{7.7}$$

式（7.5）と式（7.7）より L は次のようになる．

$$L=\frac{(V_{in}-V_{out})V_{out}}{\varDelta I V_{in}}\cdot\frac{1}{f} \tag{7.8}$$

次に C の値を求める． t_{on} の間に $\varDelta I$ が C に流入して $\varDelta V_0$ だけ電圧が上昇するとし，式（7.5）より次式が得られ，さらにこれに式（7.7）を代入して C の式が得られる．

$$\varDelta V_{out}=\frac{1}{C}\int_0^{t_{on}}\varDelta I dt=\frac{1}{C}\int_0^{t_{on}}\frac{V_{in}-V_{out}}{L}=\frac{V_{in}-V_{out}}{CL}\times\frac{t_{on}^2}{2}$$

$$C=\frac{V_{in}-V_{out}}{2L\varDelta V_{out}}\left(\frac{V_{out}}{fV_{in}}\right)^2 \tag{7.9}$$

$\varDelta I$ は負荷電流の0.4倍ほどにするのが普通で，また出力電圧変動 $\varDelta V_{out}$ の許容値と $\varDelta I$ から，式（7.8），式（7.9）を用いて L や C の値を決めることができる．なおスイッチングレギュレータでは周波数 f が大きいので，式からわかるように L や C の値は小さくてすむ． 終

7.4 電力制御回路

上のスイッチングレギュレータで説明したように，スイッチを用いると高い効率で無駄なく電力制御を行うことができる．スイッチには半導体デバイスが用いられ，その代表的なスイッチングデバイスは，図7.9に示す**サイリスタ**（thyristor）または **SCR**（Silicon Controlled Rectifier）と呼ばれるものである．図の（a）ように，**アノード**（anode）A，**カソード**（cathode）K，および**ゲート**（gate）G の端子を持っている．同図（b）はその内部構造と使用法であ

7.4 電力制御回路

るが，アノード-カソード間の非導通状態から，ゲート電流 I_G がトリガとなって，アノードからカソードの方向へ電流が流れる導通状態になり，同図（c）のようなスイッチング特性を示す．I_G によるトリガの後は通常のダイオードと

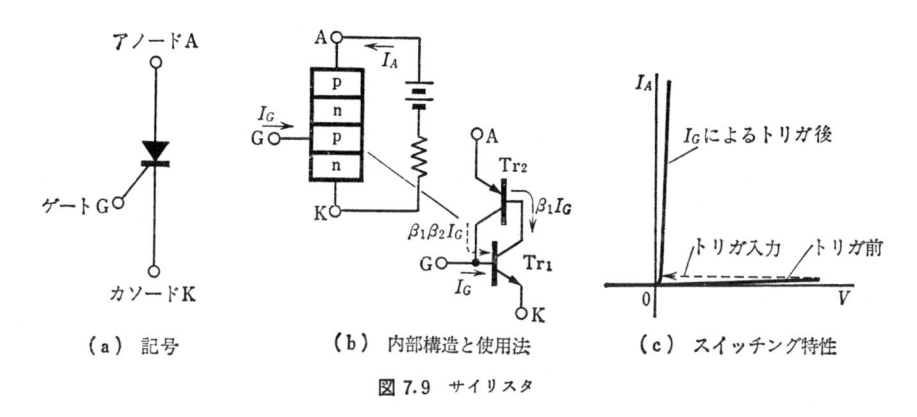

図 7.9 サイリスタ

(a) 記号　(b) 内部構造と使用法　(c) スイッチング特性

同じ動作をし，I_G を取り去っても導通状態を続ける．アノード電流 I_A がいったん零になると，非導通状態へ戻る．サイリスタの構造は同図（b）のように pnpn の4層からなるが，これは図にも示すように，pnp トランジスタと npn トランジスタが接続された状態と等価である．ゲート電流 I_G によって，二つのトランジスタが互いにベース電流を供給し合うような正帰還を生じ，これによってアノード-カソード間が導通状態となる．

図7.10 はこのサイリスタを用いた電力制御回路の例である．図の可変抵抗 R を変化させると，サイリスタが導通する位相が変わるため電力を制御することができ，これを**位相制御**（phase control）と呼ぶ．図7.10は半波整流回路の

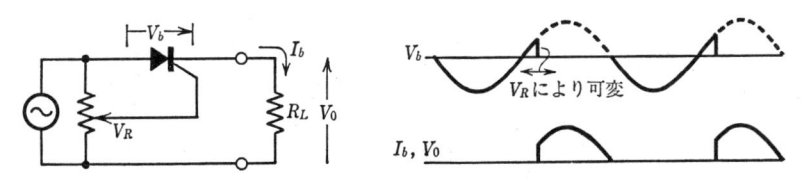

図 7.10 サイリスタによる電力制御（直流電力制御）

一種であるが，直流電力制御に用いるため**制御整流回路**とも呼ばれる．このほか，全波整流やブリッジ整流に対応する制御整流回路も用いられる．

これに対して，交流波形の正負両極性のまま負荷電力を制御する，交流電力制御も行われる．図7.11はその回路と負荷電流の波形である．図のようにサ

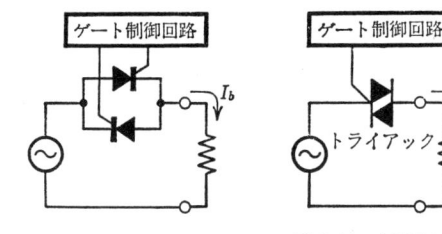

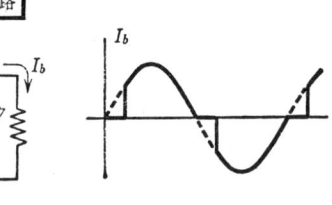

図7.11 交流電力制御

イリスタを2個並列にして用いたり，またはそれと同じ働きをする**双方向サイリスタ** (bidirectional thyristor) または**トライアック** (triac) と呼ばれるものが使用される．

演習問題

[1] 図7.3(c)の回路動作を説明し，図の下側の各接続点の開放電圧を求めよ．
[2] 問図7.1はリップルフィルタと呼ばれるトランジスタを用いたろ波回路である．その平滑効果について RC 回路の場合と比較せよ．
[3] 負荷が，$1\mu S$ 幅でパルス状に $1mA$ の電流を消費する時，$5V$ の電源電圧の変動を 1% 以内におさえるには，配線の並列コンデンサ（バイパスコンデンサと呼ぶ）をいくらにすればよいか．

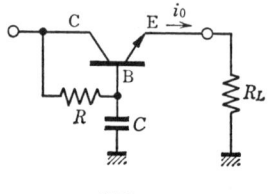

問図7.1

参考文献

(1) 柳井久義, 永田穣：集積回路工学 (1)(2), コロナ社 (1979)
(2) P. R. Gray & R. G. Meyer: Analysis and Design of Analog Integrated Circuits, John Wiley & Sons. (1984)
(3) D. L. Schilling & C. Belou：トランジスタとICのための電子回路（I）（II）(岡部豊比古, 山中惣之助, 宇佐美興一 訳), マグロウヒル好学社 (1985)
(4) 清水 洋, 柴田幸男：電子回路学, 丸善 (1975)

演習問題解答

2章

[1] 図2.13参照.

[2] ベース幅W_Bを小さくすると,式(2.12)より輸送効率δは増大する(1に近づく).式(2.11)から,γも増大する.このため電流増幅率α($=\gamma\cdot\delta$)も大きくなり1に近づく.またαしゃ断周波数ω_α($=1/\tau_F$)も式(2.15)の関係からW_Bを小さくすると大きくなり,周波数特性もよくなる.

[3] バイポーラトランジスタ

$\begin{cases} 電流制御電流源(電流増幅)低\\ 入力抵抗,高出力抵抗\\ g_mは図2.31より次のようになる.\\ ただし\ r_B \ll r_E/(1-\alpha_0)\ とする. \end{cases}$

$$g_m \approx \frac{q}{kT} I_E \approx \frac{q}{kT} I_C \propto I_C$$

電界効果トランジスタ(FET)

$\begin{cases} 電圧制御電流源(電圧\rightarrow電流変換)\\ 高入力抵抗,高出力抵抗\\ g_mは式(2.28)より \end{cases}$

$$g_m = 2\sqrt{\beta I_D} \propto \sqrt{I_D}$$

[4] 2.5節参照.

[5] pチャネルMOS集積回路の製造工程の例を解図2.1に示す.

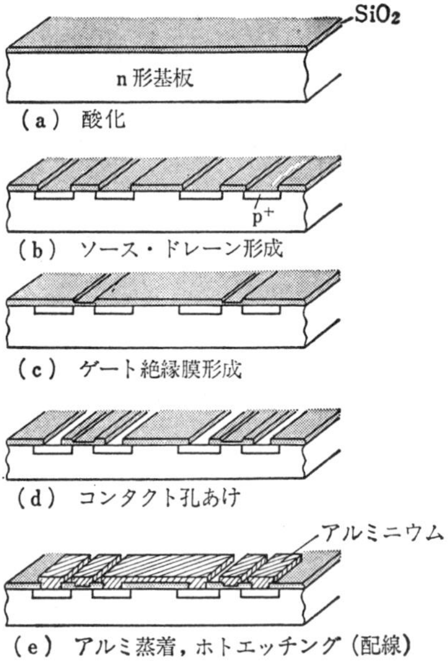

(a) 酸化
(b) ソース・ドレーン形成
(c) ゲート絶縁膜形成
(d) コンタクト孔あけ
(e) アルミ蒸着,ホトエッチング(配線)

解図2.1

3章

[1] 解図3.1のような図式解法より,電流Iは0.45Aで,100Wと50Wの両電球にかかる電圧は,それぞれ20Vと80Vであるため,それらの電力消費は次のようになる.

100Wの電球　$0.45\times20=9$W
50Wの電球　$0.45\times80=36$W

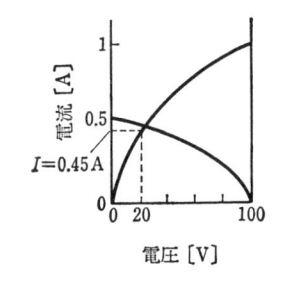

解図3.1

演習問題解答（3章）

[2] 解図3.2(a)の図式解法から(b)の伝達特性を得る．

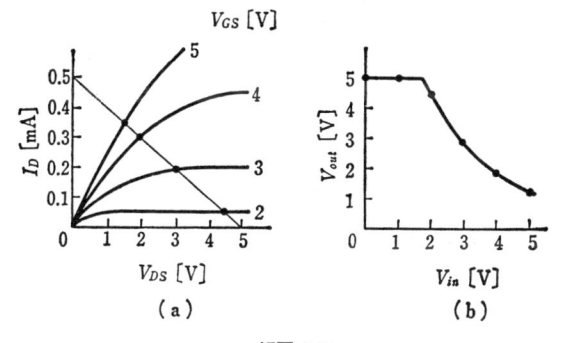

解図3.2

[3] 問図3.2で，点Aと点Bを出力端子と考える．抵抗Rをとった時のAB間の開放電圧V_0（Bに対するAの電圧）は次のようになる．

$$V_0 = E\left(\frac{Z_3}{Z_1+Z_3} - \frac{Z_4}{Z_2+Z_4}\right)$$

またこの時，ABから見た回路の内部インピーダンスZ_0は，次のようになる．

$$Z_0 = \frac{Z_1 Z_3}{Z_1+Z_3} + \frac{Z_2 Z_4}{Z_2+Z_4}$$

以上のV_0, Z_0の値より，鳳-テブナンの定理を用いると，電流Iは次のように求まる．

$$I = \frac{V_0}{R+Z_0} = E\left(\frac{Z_3}{Z_1+Z_3} - \frac{Z_4}{Z_2+Z_4}\right)\left(R + \frac{Z_1 Z_3}{Z_1+Z_3} + \frac{Z_2 Z_4}{Z_2+Z_4}\right)^{-1}$$

[4] 式(3.4)を用いる．放熱板が十分大きいとした時は，

$$\theta = 10 + 2.5 = 12.5 \text{ °C/W}$$

$$P_C = \frac{T_j - T_a}{\theta} = \frac{100-25}{12.5} = 6 \text{ W}$$

放熱板の熱抵抗を2.5°C/Wとした時は，

$$\theta = 10 + 2.5 + 2.5 = 15 \text{ °C/W}$$

$$P_C = \frac{100-25}{15} = 5 \text{ W}$$

[5] v_0/v_iは1/10である．直流ではC_1, C_2のインピーダンスは十分大きく無視できるため，

$$\frac{R_2}{R_1+R_2} = 0.1$$

$$\therefore R_1 = 9, R_2 = 9 \text{ M}\Omega$$

また十分高い周波数では，R_1, R_2のインピーダンスは，C_1, C_2のインピーダンス

に比べ十分大きく無視できるため，

$$\frac{\dfrac{1}{j\omega C_2}}{\dfrac{1}{j\omega C_1}+\dfrac{1}{j\omega C_2}}=\frac{C_1}{C_1+C_2}=0.1$$

$$\therefore\ C_1=\frac{C_2}{9}=10\ \mathrm{pF}$$

$R_1=9R_2, C_1=C_2/9$ であると，次式からも v_0/v_i は周波数に無関係に $1/10$ となることがわかる．

$$\frac{v_0}{v_i}=\frac{R_2+\dfrac{1}{j\omega C_2}}{\left(R_1+\dfrac{1}{j\omega C_1}\right)+\left(R_2+\dfrac{1}{j\omega C_2}\right)}=\frac{R_2+\dfrac{1}{j\omega C_2}}{9R_2+\dfrac{9}{j\omega C_2}+R_2+\dfrac{1}{j\omega C_2}}=\frac{1}{10}$$

なお，この回路はオシロスコープのプローブなどで電圧を分割するのに使用され，一般に $R_1C_1=R_2C_2$ であると周波数に関係ない一定の分割比になる．

4章

[1] 解図 4.1 に K_1, K_2' および K_3 の利得の周波数特性を図示する．

[2] 抵抗から発生する雑音電圧 v_n の2乗平均値は式（4.7）で表される．

$$\overline{v_n{}^2}=4kTRB$$

最大電力（有能電力）は，同じ値の抵抗を接続した整合条件下で取り出せ，その時の電力 $P_{\max}$ は式（3.1）で表されるため次のようになる．

$$P_{\max}=\frac{\overline{v_n{}^2}}{4R}=TkB$$

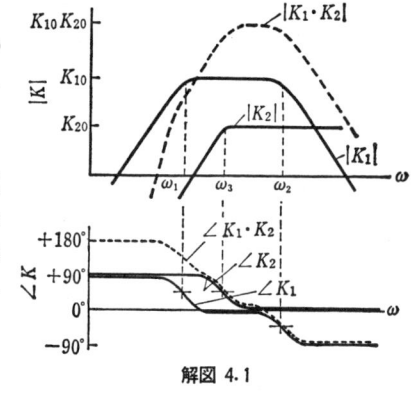

解図 4.1

[3] 解図 4.2 に図 4.22（a）の微小信号等価回路を示す．
これから次のようにして v_0 と v_i の関係が求まる．

$$(1+h_{fe2})i_{B2}=h_{fe1}\ i_{B1}$$

$$v_0=-R_L h_{fe2}i_{B2}=\frac{-R_L h_{fe1}h_{fe2}}{1+h_{fe2}}i_{B1}$$

$$=\frac{-R_L h_{fe1}h_{fe2}}{1+h_{fe2}}\cdot\frac{v_i}{h_{ie1}}$$

以上より，

演習問題解答（4章）

$$K_v = \frac{v_0}{v_i} = \frac{-R_L h_{fe1} h_{fe2}}{h_{ie1}(1+h_{fe2})}$$

$h_{fe2} \gg 1$ の時,

$$K_v \approx \frac{-R_L h_{fe1}}{h_{ie}}$$

この K_v の値は式 (4.17) と同じで, エミッタ接地増幅回路のものと変わらない.

[4] 微小信号等価回路を解図4.3に示す. これから次式が成り立つ.

$$(1+h_{fe1})i_{B1} = (1+h_{fe2})i_{B2}$$

$$v_0 = h_{fe2} i_{B2} R_L = \frac{1+h_{fe1}}{1+h_{fe2}} h_{fe2} R_L i_{B1}$$

$$v_i = i_{B1} h_{ie1} + i_{B2} h_{ie2}$$

$$= \left\{ \frac{h_{ie1}(1+h_{fe2}) + h_{ie2}(1+h_{fe1})}{1+h_{fe2}} \right\} i_{B1}$$

これから K_v, R_i はそれぞれ次のように求まる.

$$K_v = \frac{v_0}{v_i} = \frac{(1+h_{fe1}) h_{fe2} R_L}{h_{ie1}(1+h_{fe2}) + h_{ie2}(1+h_{fe1})}$$

$h_{fe1}, h_{fe2} \gg 1$ とすると,

$$K_v \approx \frac{h_{fe1} h_{fe2} R_L}{h_{ie1} h_{fe2} + h_{ie2} h_{fe1}}$$

$$R_i = \frac{h_{ie1}(1+h_{fe2}) + h_{ie2}(1+h_{fe1})}{1+h_{fe2}}$$

$h_{fe1}, h_{fe2} \gg 1$ とすると,

$$R_i \approx h_{ie1} + \frac{h_{ie2} h_{fe1}}{h_{fe2}}$$

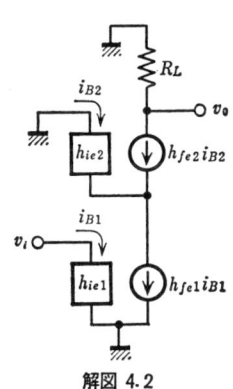

解図 4.2

[5] 解図 4.4 に示す等価回路から次式が成り立つ.

$$v_0 = i_0 R_L = -(h_{fe1} i_{B1} + h_{fe2} i_{B2}) R_L$$

$$= -\{h_{fe1} + (1+h_{fe1}) h_{fe2}\} R_L i_{B1}$$

$$v_i = h_{ie1} i_{B1} + h_{ie2} i_{B2}$$

$$= \{h_{ie1} + (1+h_{fe1}) h_{ie2}\} i_{B1}$$

これから, R_{in}, K_v, K_i は次のようになる.

ただし, $h_{fe1}, h_{fe2} \gg 1$ とする.

$$R_{in} \approx h_{ie1} + h_{fe1} h_{ie2}$$

$$K_v \approx \frac{-h_{fe1} h_{fe2}}{h_{ie1} + h_{fe1} h_{ie2}} R_L$$

$$K_i = \frac{i_0}{i_{B1}} \approx -h_{fe1} h_{fe2}$$

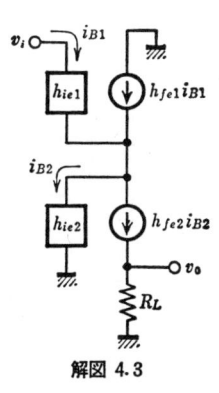

解図 4.3

[6] 解図4.5に等価回路を示す. これから電圧利得 K_v は次のように求まる.

$$K_v = (g_{m1}+g_{m2})\frac{r_{D1}r_{D2}}{r_{D1}+r_{D2}}$$

[7] V_B, V_E, V_C は次のように求まる.

$$V_B = \frac{R_2 V_{CC}}{R_1+R_2} = \frac{15\times30}{47+15} = 7.25\,\text{V}$$

$$V_E = V_B - V_{BE} = 7.25 - 0.6 \approx 6.65\,\text{V}$$

$$V_C = V_{CC} - I_C R_C \approx V_{CC} - I_E R_C = V_{CC} - \frac{V_E}{R_E}R_C$$

$$= 30 - \frac{6.65}{8.2}\times 10 \approx 21.9\,\text{V}$$

解図 4.4

K_v と Z_i はそれぞれ次のようになる.

$$K_v = \frac{v_o}{v_i} = -\frac{h_{fe}R_c}{h_{ie}} = -1000$$

$$Z_i = \frac{v_i}{i_i} = R_1 \| R_2 \| h_{ie} \approx h_{ie} = 1\,\text{k}\Omega$$

出力に $R_0(5\,\text{k}\Omega)$ を接続した時の K_v は,

$$K_v = -\frac{h_{fe}(R_c /\!/ R_0)}{h_{ie}} = -300$$

[8] FET の特性は次のように表される. $0 < V_{DS} < V_{GS} - V_T$ の時,

$$I_D = \beta\left\{(V_{GS}-V_T)V_{DS} - \frac{1}{2}V_{DS}^2\right\}$$

$V_{GS} - V_T < V_{DS}$ の時,

$$I_D = \frac{\beta}{2}(V_{GS}-V_T)^2$$

解図 4.5

β を $1\,\text{mA/V}^2$, V_T を $1\,\text{V}$ として静特性を作成すると, 解図 4.6 (a)(b) のようになる.

V_{DD} と $R_L + R_S$ で決まる負荷直線を (a) の静特性上に引き, また (b) の静

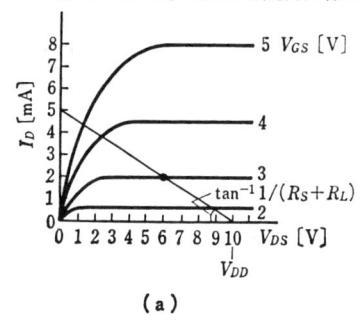

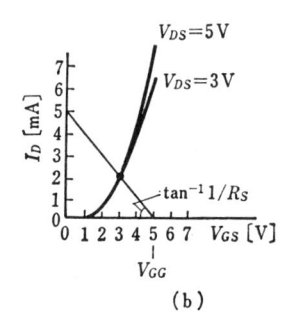

(a)

(b)

解図 4.6

演習問題解答（4章）

特性上には V_{GG} と R_S による直線を引く．後者から V_{GS} は 3V であることがわかる．これをもとに，(a) より V_{DS} は 6V，I_D は 2mA となり，各電圧は以下のように求まる．

$V_G = V_{GG} = 5\text{ V}$
$V_S = I_D R_S = 2\text{ V}$
$V_D = V_S + V_{DS} = 2 + 6 = 8\text{ V}$

電圧利得 K_v を計算する．動作点は定電流領域であるため，次のように g_m が求まる．

$$g_m = \left.\frac{dI_D}{dV_{GS}}\right|_{V_{GS}=3V} = \beta(V_{GS} - V_T) = 2\text{ m}$$

これから K_v は以下のようになる．

$$K_v = -g_m R_L = -2$$

[9] 等価回路を解図 4.7（a）に示す．これをもとに回路方程式を作成して，高域しゃ断周波数を求めることもできるが，ここでは図 4.32 で説明したミラー効果を用いて解図 4.7（b）のように書き直す．

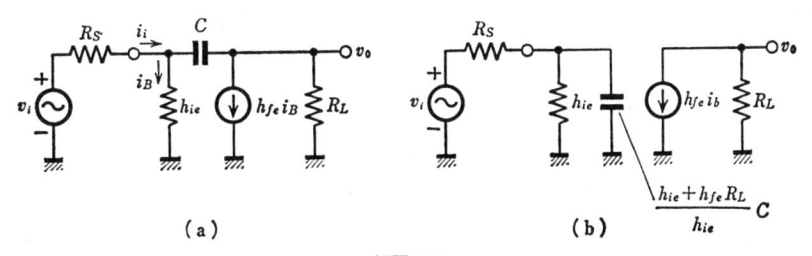

(a)　(b)

解図 4.7

トランジスタの電圧利得 A は次のように表され，

$$A = \frac{-h_{fe}}{h_{ie}} R_L$$

これを用いて，ベースから見た等価的な入力容量 C_{in} は次のようになる．

$$C_{in} \approx (1-A)C = \frac{h_{ie} + h_{fe} R_L}{h_{ie}} C$$

これから，高域しゃ断周波数 f_u は以下のように得られる．

$$f_u = \frac{1}{2\pi C_{in}(R_S \| h_{ie})} = \frac{R_S + h_{ie}}{2\pi C (h_{ie} + h_{fe} R_L) R_S}$$

[10] (1) の時は同相入力電圧は 0 であり，次のように K_d の定義から，出力電圧 $v_{01} - v_{02}$ を求めることができる．

$$K_d \equiv \frac{v_{01} - v_{02}}{v_{i1} - v_{i2}}$$

$$v_{01}-v_{02}=-1000(0.005+0.005)=-10\,\text{V}$$

(2) の時は,同相入力電圧は $1/2\cdot(v_{i1}+v_{i2})$ で $1\,\text{V}$ である.CMRR が $60\,\text{dB}$ であることから,同相差動変換利得 $K_{cd}(\equiv K_d/\text{CMRR})$ は $0\,\text{dB}$ となる.このため同相入力電圧による分の出力電圧は $1\,\text{V}$ となり,(1) で求めた差動利得分の出力電圧を加えると出力電圧 $v_{01}-v_{02}$ は次式のように計算される.なお式の+-はそれぞれ同相利得が正の場合と負の場合に対応する.

$$v_{01}-v_{02}=-10\pm1\,\text{V}$$

[11] 同相信号 v_C を加えた時の等価回路は解図 4.8 のようになり,次の関係が成り立つ.

$$v_{GS}=v_C-R_C\,v_{GS}(g_{m1}+g_{m2})$$

これから,

$$v_{GS}=\frac{v_C}{1+R_C(g_{m1}+g_{m2})}$$

したがって,$v_{01}-v_{02}$ さらに K_{cd} は次のようになる.

$$v_{01}-v_{02}=R_D(g_{m2}-g_{m1})$$
$$\times\frac{v_C}{1+R_C(g_{m1}+g_{m2})}$$

$$K_{cd}=\frac{R_D(g_{m2}-g_{m1})}{1+R_C(g_{m1}+g_{m2})}=\frac{R_D\Delta g_m}{1+2R_C g_m}$$

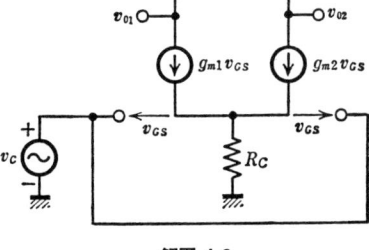

差動利得 K_d は式 (4.67) で与えられるため CMRR は,

$$\text{CMRR}\equiv\frac{K_d}{K_{cd}}=\frac{-g_m\{1+2R_C g_m\}}{\Delta g_m}$$

となる.

解図 4.8

[12] カスコード増幅回路の電圧利得 K_v は問 4.3 で次のように求められており,$K_{v\max}$ としてこれがそのまま適用できる.

$$K_{v\max}\simeq\frac{-R_L h_{fe1}}{h_{ie}}$$

問図 4.5 の Tr_2 では,ベースが交流的に接地されているため,コレクタ-エミッタ間の静電容量が非常に小さい.このため帰還による発振などの不安定性を生じにくく,中和の必要がない.

[13] $I_{C\max}$ が $1\,\text{A}$ であるため $V_{CC\max}(=I_{C\max}/R_L)$ は $10\,\text{V}$ となる.この時トランジスタに加わる最大の V_{CE} は $20\,\text{V}$ であり,その最大定格以内である.式 (4.79) の η から最大効率は $\pi/4$ であり,負荷に供給できる最大電力 $P_{L\max}$ は次のようになる.

$$P_{L\max}=\frac{\pi}{4}\times2\times V_{CC}\times I_{C\max}=\frac{\pi}{4}\times2\times10\times1\approx16\,\text{W}$$

供給電力のうちの残りがコレクタ損失 P_C となり，P_C は 4W となるが，これは $P_{C\max}(5\text{W})$ 以下であるため，$I_{C\max}$ で最大出力電力 $P_{C\max}$ が決まることになる．このため負荷に供給できる最大出力電力は 4W である．

[14] コレクタ電流を I_C とすると次式が成り立つ．

$$V_{CC} = V_C + I_C R_C$$

$$V_C = I_B R_F + V_{BE} = \frac{I_C}{\beta} R_F + V_{BE}$$

I_C を消去すると，

$$V_C = \frac{V_{CC} + \frac{\beta R_C V_{BE}}{R_F}}{1 + \frac{\beta R_C}{R_F}} = \frac{10 + \frac{100 \times 1 \times 0.6}{30}}{1 + \frac{100 \times 1}{30}} = \frac{12}{4.3} = 2.8\text{ V}$$

解図 4.9 にこの等価回路を示す．
出力端子と入力端子で電流則を適用し次式を得る．

$$-\frac{v_0}{R_C} + i_i - i_b = h_{fe} i_b$$

$$\frac{v_i - v_0}{R_F} = i_i - i_b$$

$$v_i = i_b h_{ie}$$

解図 4.9

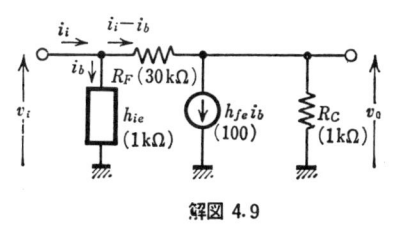

i_b, i_i を消去すると，K_v は次のようになる．

$$K_v = \frac{v_0}{v_i} = \frac{\frac{h_{fe}}{h_{ie}} - \frac{1}{R_F}}{-\frac{1}{R_C} - \frac{1}{R_F}}$$

$h_{fe} \gg 1$，$R_F \gg R_C, h_{ie}$ と近似すると，

$$K_v \approx \frac{-h_{fe} R_C}{h_{ie}} = -100$$

一方 Z_{in} は i_b, v_0 を消去して次のように求まる．

$$Z_{in} = \frac{v_i}{i_i} = \frac{R_F + R_C}{\frac{R_F}{h_{ie}} + 1 + \frac{(h_{fe}+1)R_C}{h_{ie}}} \approx \frac{R_F h_{ie}}{R_F + h_{fe} R_C} = 230\ \Omega$$

並列入力の負帰還であるため入力抵抗は小さくなる．

[15] 1. 利得の安定化
2. 周波数特性の平坦化
3. 非直線性の改善
4. 入出力インピーダンスの制御

[16] 並列 T 形回路の周波数特性の概略を解図 4.10 (a) に示す．閉ループ利得 G の式は，β の式を代入して次のようになる．

$$G = \frac{K}{1-K\beta} = \frac{K}{1-K\dfrac{1}{1+j\dfrac{4}{\left(\dfrac{\omega_0}{\omega}-\dfrac{\omega}{\omega_0}\right)}}} = K\dfrac{1+j\dfrac{4}{\left(\dfrac{\omega_0}{\omega}-\dfrac{\omega}{\omega_0}\right)}}{(1-K)+j\left(\dfrac{\omega_0}{\omega}-\dfrac{\omega}{\omega_0}\right)}$$

$\omega=\omega_0$ の時は $G=K$ で，$\omega=0$ または $\omega=\infty$ の時は $G=K/(1-K)\approx-1$ である．このため，解図 4.10 (b) のように，特定の周波数のみを選択的に増幅する周波数特性となる．

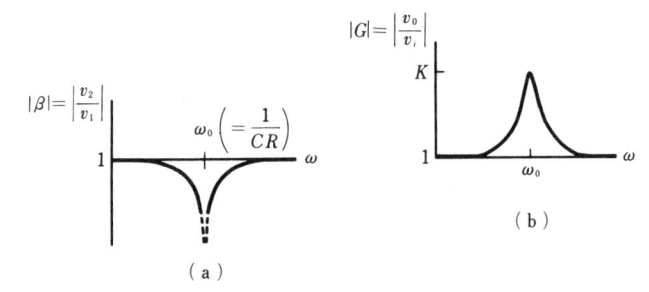

解図 4.10

[17] (1) 解図 4.11 に示すように，出力特性上で $I_D=4\,\mathrm{mA}$ と $V_{DS}=10\,\mathrm{V}$ を結ぶ負荷直線となる．

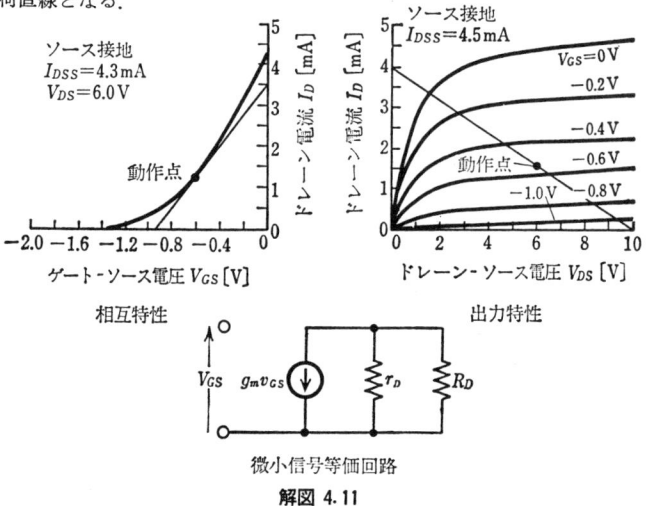

解図 4.11

(2) $V_{DS}=6\,\mathrm{V}$ とすると動作点は図中に示すようになり，動作点の I_D は約

1.5 mA, V_{GS} は約 -0.5 V であることがわかる.

(3) 相互特性上の V_{GS} が -0.5 V の動作点で，図のように接線を引きその傾きを求めると，g_m は約 3.7 mS となる．また出力特性上の動作点での傾きからドレーン抵抗 r_D は約 20 kΩ となる．

(4) 解図 4.11 に示すような微小信号等価回路が得られ，これから電圧増幅度 K_v は次のように約 8.2 倍となる．

$$K_v = -g_m \times \frac{r_D R_D}{r_D + R_D} = -\frac{3.7 \times 20 \times 2.5}{20 + 2.5} \approx -8.2$$

5章

[1] 演算増幅器の両入力端子間の電圧差が零であることから，次式が成り立つ．

$$\frac{j\omega C R v_i}{1 + j\omega CR} = \frac{v_i + v_0}{2}$$

これから電圧利得は次のようになる．

$$\frac{v_0}{v_i} = -\left(\frac{1 - j\omega CR}{1 + j\omega CR}\right)$$

上式は，利得の絶対値は常に 1 で，位相が $-180°$（$\omega \ll 1/CR$ の時）から $-90°$（$\omega = 1/CR$ の時）さらに $0°$（$\omega \gg 1/CR$ の時）まで，周波数とともに変化することを表す．この回路は移相回路と呼ばれるものである．

[2] 図 5.11 で前の二つの演算増幅器の出力 v_1, v_2 は，次の関係にある．

$$i = \frac{v_2 - v_{S2}}{R} = \frac{v_{S2} - v_{S1}}{R_X} = \frac{v_{S1} - v_1}{R}$$

これから，

$$v_2 = \frac{R}{R_X}(v_{S2} - v_{S1}) + v_{S2}$$

$$v_1 = -\frac{R}{R_X}(v_{S2} - v_{S1}) + v_{S1}$$

$$v_2 - v_1 = \left(1 + \frac{2R}{R_X}\right)(v_{S2} - v_{S1})$$

v_0 と $v_2 - v_1$ の関係は式 (5.12) と同じであり，これから次式 (5.13) が導出される．

$$v_0 = \left(1 + \frac{2R}{R_X}\right)\frac{R_X}{R_i}(v_{S1} - v_{S2})$$

[3] $V_i < 0$ の時，問図 5.2 の点 A の電位は正で，ダイオードの D_1 は順方向，D_2 は逆方向にバイアスされる．このため入力電流は D_1 に流れ込み出力電圧 V_0 は零になる．$V_i > 0$ の時は，点 A の電位は負で，D_1 は逆方向，D_2 は順方向にバイアスされ，反転増幅器として動作し，$V_0 = -\frac{R_f}{R_i} V_i$ となる．このため解図 5.1 の

ような特性になり，これは0Vから折れ曲るダイオード特性であり，この回路は理想ダイオード回路と呼ばれる．

[4] 出力端子から R_3 に流れる電流を i_3 とする．
R_2 に入力側から流れる電流は $\dfrac{v_i}{R_1}$ であり，次式が成立する．

$$R_2 \cdot \frac{v_i}{R_1} + R_4 \cdot \left(\frac{v_i}{R_1} + i_3\right) = 0$$

$$v_0 = R_3 i_3 + R_4\left(\frac{v_i}{R_1} + i_3\right)$$

i_3 を消去すると，

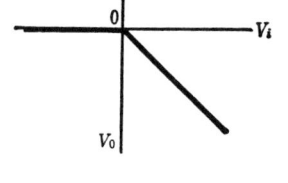

$$\frac{v_0}{v_i} = -\frac{1}{R_1}\left\{R_4 - (R_3 + R_4)\left(\frac{R_2}{R_4} + 1\right)\right\}$$

解図 5.1

[5] (a) では，

$$\frac{v_0}{v_i} = -\frac{1}{R_1}\left(\frac{1}{\frac{1}{R_2} + j\omega C_2}\right) = -\frac{R_2}{R_1}\left(\frac{1}{1 + j\frac{\omega}{\omega_2}}\right)$$

ただし，$\omega_2 = \dfrac{1}{C_2 R_2}$

(b) では，

$$\frac{v_0}{v_i} = \frac{-R_2}{R_1 + \frac{1}{j\omega C_1}} = -\frac{R_2}{R_1}\left(\frac{1}{1 - j\frac{\omega_1}{\omega}}\right)$$

ただし，$\omega_1 = \dfrac{1}{C_1 R_1}$

(c) では，

$$\frac{v_0}{v_i} = -\frac{1}{R_1 + \frac{1}{j\omega C_1}} \times \frac{1}{\frac{1}{R_2} + j\omega C_2} = -\frac{R_2}{R_1} \times \frac{1}{\left(1 - j\frac{\omega_1}{\omega}\right)\left(1 + j\frac{\omega}{\omega_2}\right)}$$

上式から，それぞれ解図 5.2 (a)(b)(c) の周波数特性となることがわかる（図 4.6 参照）．

(a) は低域通過フィルタ，(b) は高域通過フィルタ，(c) は帯域通過フィルタであり，問図 5.5 のようなフィルタを能動フィルタと呼ぶ．

[6] v_0 は式 (5.10) を用いて次のように表される．

$$v_0 = \frac{R_1 + R_2}{R_1}\left[\frac{R_2}{R_1 + R_S + R_2} v_1 - \frac{R_2}{R_1 + R_2} v_2\right]$$

弁別比 CMRR は次の定義による．

$$\mathrm{CMRR} \equiv \frac{差動利得}{同相利得}$$

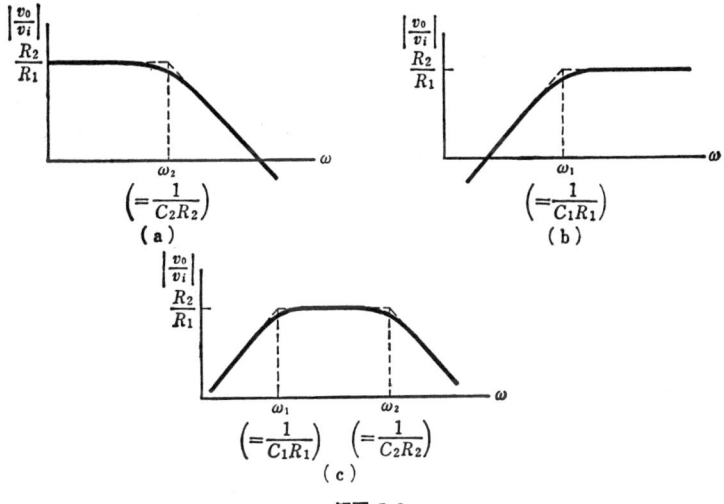

解図 5.2

差動利得 $\equiv \dfrac{v_0}{v_1-v_2}\bigg|_{v_1+v_2=0}$

同相利得 $\equiv \dfrac{2v_0}{v_1+v_2}\bigg|_{v_1-v_2=0}$

v_0 の式を変形する．

$$v_0 = \frac{R_1+R_2}{R_1}\left[\frac{1}{2}\left(\frac{R_2}{R_1+R_S+R_2}+\frac{R_2}{R_1+R_2}\right)(v_1-v_2)\right.$$
$$\left.+\frac{1}{2}\left(\frac{R_2}{R_1+R_S+R_2}-\frac{R_2}{R_1+R_2}\right)(v_1+v_2)\right]$$

これから差動利得，同相利得，CMRR は，

$$差動利得 = \frac{R_1+R_2}{2R_1}\left(\frac{R_2}{R_1+R_S+R_2}+\frac{R_2}{R_1+R_2}\right)$$

$$同相利得 = \frac{R_1+R_2}{R_1}\left(\frac{R_2}{R_1+R_S+R_2}-\frac{R_2}{R_1+R_2}\right)$$

$$\text{CMRR} = \frac{1}{2}\times\frac{\left(\dfrac{1}{R_1+R_S+R_2}+\dfrac{1}{R_1+R_2}\right)}{\left(\dfrac{1}{R_1+R_S+R_2}-\dfrac{1}{R_1+R_2}\right)} = -\frac{R_1+R_2}{R_S}-\frac{1}{2}$$

[7] 等価回路は解図 5.3 (p.198) のように書き替えることができ，式 (5.3) が得られる．

6 章

[1] JFET による発振回路と，その微小信号等価回路を解図 6.1 に示す．

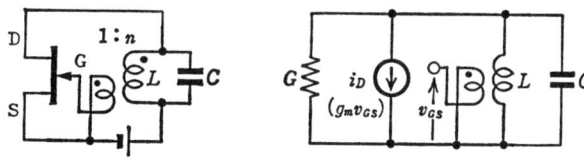

解図 6.1

ゲート-ソース電圧 v_{GS} は次のように表される.

$$v_{GS} = \frac{i_D}{G + j\omega C + \dfrac{1}{j\omega L}} \times \frac{1}{n}$$

ループ利得が1となる時の関係 ($i_D = g_m v_{GS}$) から次式を得る.

$$\frac{g_m}{n} \times \frac{1}{G + j\left(\omega C - \dfrac{1}{\omega L}\right)} = 1$$

これから, 次のように発振条件と発振角周波数の式が得られる.

$$g_m = nG$$

$$\omega = \frac{1}{\sqrt{LC}}$$

[2] 演算増幅器を用いた進相形移相発振回路とその等価回路は, 解図6.2(a)(b)のようになる. 図中の X, Y, の点の電位を v_x, v_y とし, X, Y, Z のそれぞれの点でキルヒホッフの電流則を適用する.

$$j\omega C(v_x + Ke_i) + j\omega C(v_x - v_y) + \frac{v_x}{R} = 0$$

$$j\omega C(v_y - v_x) + j\omega C(v_y - e_i) + \frac{v_y}{R} = 0$$

$$j\omega C(e_i - v_y) + \frac{e_i}{R} = 0$$

以上の式から, 発振角周波数 ω_0 と発振に必要な K の値は次のように求まる.

$$\omega_0 = \frac{1}{\sqrt{6}\,CR}$$

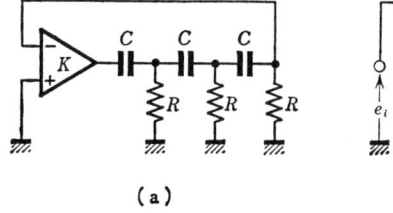

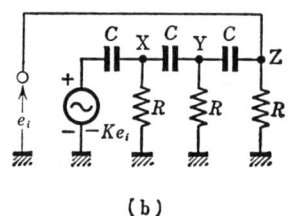

$$K \geq 29$$

(a)　　　　　　　　(b)

解図 6.2

演習問題解答（7章）

[3] 解図 6.3 の等価回路で次式が得られる．
$$i_b = h_{fe} i_b \left(\frac{Z_2}{Z_1+Z_2} \right)$$
Z_1, Z_2 はそれぞれ，CR の直列と並列のインピーダンスで次のようになる．
$$Z_1 = R + \frac{1}{j\omega C}, \quad Z_2 = \frac{1}{\frac{1}{R}+j\omega C}$$
これから発振条件としての h_{fe} と発振角周波数 ω_0 の値が次のように求まる．
$$h_{fe} \geq 3$$
$$\omega_0 = \frac{1}{CR}$$

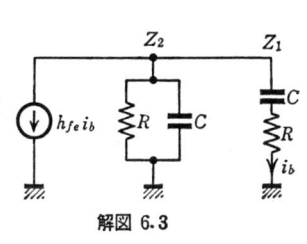

解図 6.3

7章

[1] 交流電圧の極性が変わるごとに，解図7.1に示すように順次コンデンサが充電されていく．トランスの2次側交流電圧の振幅を V_p とすると，各接点の開放電圧は図のようになる．

[2] 解図7.2に微小信号等価回路を示すが，ベース電流は出力電流の $1/h_{fe}$ となる．図の回路はエミッタホロア回路であり，出力電圧すなわちエミッタの電圧はベース電圧に追従する．7.2節で述べたように，コンデンサ入力形ろ波回路では負荷電流が大きいほど脈動率は大きいが，この回路では，コンデンサの負荷電流はトランジスタの働きで $1/h_{fe}$ となるため，大きな平滑効果が得られる．

[3] 1回の電流パルスで消費する電荷を ΔQ とすると，ΔQ は $1\,\mu\text{S}$ と $1\,\text{mA}$ の積で 10^{-9} クーロンとなる．コンデンサの電圧変化分 ΔV を，5V の1％すなわち 0.05V 以内にするのに必要な，容量 C は次式から求まる．
$$C = \frac{\Delta Q}{\Delta V} = \frac{10^{-9}}{0.05} = 2 \times 10^{-8}\,\text{F}$$

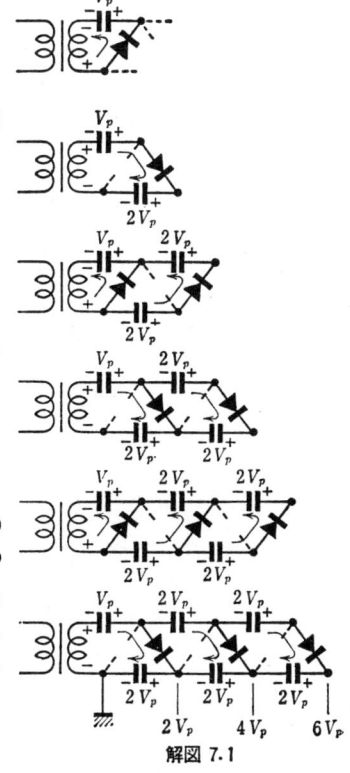

解図 7.1

解図 7.2

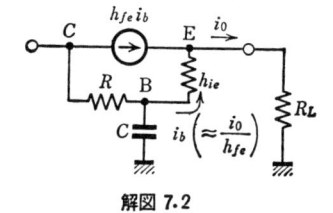

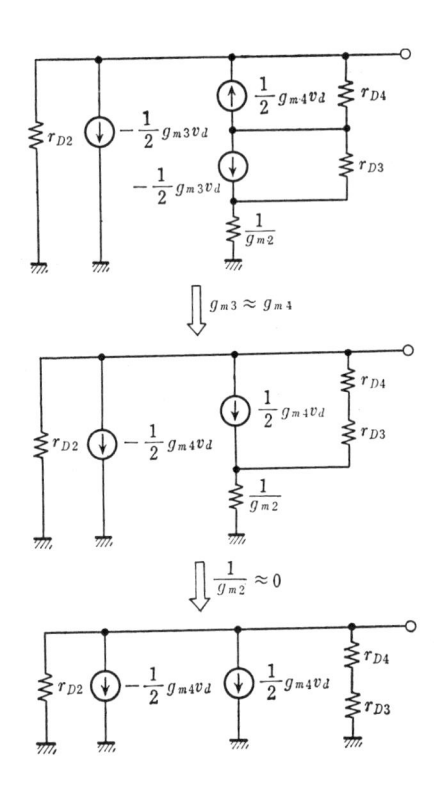

解図 5.3

微小信号等価回路　4
微小信号モデル　4, 22
ひずみ　67
ひずみ率　74
非線形素子　2
非直線ひずみ　74
ビデオ増幅回路　68
非反転増幅回路　142
微分回路　73
微分抵抗　3
ビルトイン電圧　9
ピンチオフ状態　34
ピンチオフ電圧　40

負荷曲線　46
負帰還　125
負帰還定電圧回路　176
復調　105
複同調回路　114
不純物半導体　7
負性抵抗　166
負性抵抗発振回路　153
プッシュプル回路　119
ブリッジ整流回路　171
ブロッキング発振回路　166

平滑回路　171
平衡形増幅器　67
閉ループ利得　124
並列給電　117
並列入力帰還　129
閉路解析法　50
ベース　15
ベース接地　77
ベース接地回路　20
ベース接地短絡電流利得
　　17

変圧器結合形発振回路　154
変調　105
変調形（チョッパ）増幅回路　105
弁別比　104

鳳-テブナンの定理　58
飽和電流　11
飽和領域　19
ホール　7

ま 行

脈動　170
脈動率　171
脈流　169
ミラー効果　96
ミラー容量　96

モデル　4

や 行

有能電力　56
有能電力利得　65

ら 行

理想ダイオードの式　11
利得　66
利得帯域幅積　70

励起　5
連続制御形負帰還
　定電圧回路　176

ろ波回路　169

（欧 文）

A級増幅回路　117
AB級動作　123
B級増幅回路　117
C級増幅回路　117
CR発振回路　161
DC-DC変換器　170
DEPP　119
FET　31
h（ハイブリッド）パラメータ　25
hパラメータモデル　25
JFET　31
LC同調増幅回路　106
LC発振回路　153
LSI　31, 42
MOSトランジスタ　31
MOSFET　31
n形半導体　7
npnトランジスタ　15
OTL　120
p形半導体　7
pn接合　9
pnpトランジスタ　15
RC結合増幅回路　91
Sパラメータモデル　108
SCR　180
SEPP　120
SIT　31, 40
SN比　76
T形モデル　23
Yパラメータモデル　106
Zパラメータモデル　107
αしゃ断周波数　28
βしゃ断周波数　28

索引

チャネル幅 33
中和 115
直接結合増幅回路 100
チョーク入力形 173
直流安定化電源 174
直流増幅回路 68
直流バイアス 3
直列給電 117
直列形定電圧回路 176
直列入力帰還 128

低域通過回路 69
抵抗性領域 34
ディジタル回路 4
ディジタル信号 4
定電圧(ツェナー)ダイオード 14
定電流回路 143
定電流領域 20, 34
デシベル 66
デバイスパラメータ 4
デプリーション形 36
電圧帰還 130
電圧帰還バイアス回路 90
電圧源 53
電圧制御発振回路 166
電圧増幅度 65
電圧増幅率 41
電圧則 50
電圧変動率 171
電圧ホロア回路 143
電圧利得 65
電界効果トランジスタ 31
電気回路 1
電源効率 117
電子 6
電子回路 1
電子デバイス 1
電流帰還 130

電流帰還バイアス回路 89
電流源 53
電流検出回路 143
電力増幅回路 116
電流増幅度 65
電流増幅率 17
電流則 50
転流用ダイオード 178
電流利得 65
電力利得 65

等価回路 4
等価雑音抵抗 76
動作点 3
同相差動変換利得 104
同相分除去比 104
同相利得 103
到達率 18
同調増幅回路 69, 106
動抵抗 3
動的負荷直線 92
動的モデル 28
ドナー 7
トライアック 182
トランス結合増幅回路 91
ドリフト 75, 101
ドループ 73
ドレーン 31
ドレーン接地 77
ドレーン抵抗 37

な 行

内部雑音 75
内部抵抗 55
2端子素子 3
入力インピーダンス 65
入力換算オフセット電圧 100

入力換算雑音電圧 76
入力換算雑音電流 76
入力換算ドリフト 101

熱雑音 75
熱抵抗 61
熱暴走 62

能動回路 1
能動素子 1
能動負荷 86
能動フィルタ 147
能動4端子回路 64
能動領域 20
ノートンの定理 59

は 行

バイアス回路 88
バイアス電圧 3
バイアス電流 3
倍電圧整流回路 171
バイパスコンデンサ 92
ハイブリッド π 形モデル 29
バイポーラトランジスタ 15
白色雑音 75
発振 125
発振回路 125, 153
ハートレー発振回路 156
反結合形発振回路 154
反転増幅回路 140
半導体 5
半導体デバイス 5
半波整流回路 171
非安定マルチバイブレータ 164
比較回路 150

索　引
(五十音順)

あ　行

アクセプタ　7
アナログ回路　4
アナログ計算機　147
アナログ信号　4
アナログスイッチ　105
アーリー効果　22
安定指数　89

行き過ぎ　73
移相形発振回路　161
位相制御　181
位相ひずみ　68
位相補償回路　140
一巡利得　125
$1/f$ 雑音　75
インバータ　169
インピーダンス変換回路　143

ウィーンブリッジ発振回路　164

エネルギーギャップ　6
エネルギー準位図　6
エバース・モル (Ebers-Moll) モデル　22
エミッタ　15
エミッタ（ソース）結合形回路　86
エミッタ結合形非安定マルチバイブレータ　165
エミッタ効率　18
エミッタ接地　77
エミッタ接地回路　18

エミッタ接地短絡電流利得　17
エミッタ蓄積容量　28
エミッタホロア　77, 79
演算増幅器　136
エンハンスメント形　36

オーバートーン発振　161
オフセット電圧　100
温度補償　101

か　行

外来雑音　75
開ループ利得　125
回路シミュレーション　45
回路素子　1
回路パラメータ　4
ガウス性雑音　75
拡散長　11
拡散電位　9
拡散容量　13
重ね合せの理　52
加算回路　143
過剰少数キャリヤ　11
過剰少数キャリヤ電荷　12
仮想接地点　141
カットイン電圧　12
可動電荷　7
カレントミラー回路　139
関数発生器　166

帰還　124
帰還増幅回路　124
帰還4端子発振回路　153
擬似コンプリメンタリ OTL　122

基板バイアス効果　35
キャリヤ　7
狭帯域増幅回路　68
共役整合　56
許容出力電流　138
許容同相入力電圧　138
キルヒホッフの法則　50
禁制帯幅　6

空乏層　10
空乏層電荷　13
空乏層容量　13
下り過ぎ　73
クラップ発振回路　158
クロスオーバひずみ　123

計装増幅回路　144
ゲイン定数　34
結合コンデンサ　91
ゲート　31
ゲート接地　77
減算回路　144

高域通過回路　69
高周波T形モデル　29
高周波モデル　28
広帯域増幅回路　68
降伏電圧　14
交流増幅回路　68
コッククロフト高電圧発生回路　171
固定電荷　8
固定バイアス回路　89
コルピッツ発振回路　156
コレクタ　15

索引

コレクタ接地 77
コレクタ損失 60
コンデンサ入力形 172
コンプリメンタリ OTL 121

さ 行

再結合 7
最大コレクタ損失 60
最大出力電圧振幅 138
最大接合部温度 61
最大定格 60
サイリスタ 180
サグ 73
雑音 75
雑音指数 76
差動増幅回路 101, 147
差動利得 103
3端子形発振回路 156
3(多)端子素子 3
散弾雑音 75
サンプリング定理 105

しきい値電圧 33
自己バイアス回路 90, 124
し張発振回路 153, 164
しゃ断周波数 67
しゃ断領域 19
周波数逓倍回路 124
周波数特性 67
周波数ひずみ 68
充放電形発振回路 167
出力インピーダンス 65
受動回路 1
受動素子 1
シュミットトリガ回路 150
寿命 11
少数キャリヤ 8
少数キャリヤの平均順方向

伝達時間 27
真空管 5
信号対雑音比 76
振動 73
振幅ひずみ 68

水晶発振回路 159
スイッチトキャパシタ回路 148
スイッチング 2
スイッチング制御形負帰還定電圧回路 177
スイッチングレギュレータ 178
図式解法 45
スタガ同調 114
ステップ応答 71
スリューレイト 138

正帰還 125
制御整流回路 182
制御電圧 55
正孔 7
整合 56
生成 5
静電誘導トランジスタ 31, 40
整流 169
整流電源 169
整流能率 171
積分回路 73, 145
積分空乏層容量 13
接合形 FET 31, 38
接合温度 61
接合トランジスタ 15
接合容量 13
接地方式 77
節点解析法 50
線形素子 2

線形等価回路 4
線形モデル 4
全波整流回路 171

相互アドミタンス 65
相互インピーダンス 65
相互コンダクタンス 37
増幅 2
増幅回路の飽和 74
増幅率 38
双方向サイリスタ 182
相補形回路 86
相補トランジスタ 86
ソース 31
ソース接地 77
ソースホロア 77, 82

た 行

帯域幅 67, 111
ダイオード 11
大規模集積回路 31, 42
大振幅モデル 22
対数変換回路 149
ダイナミックレンジ 75
多数キャリヤ 8
立上り時間 73
立下り時間 73
ターマン形発振回路 161
ダーリントン接続 86
単一同調回路 114
単一利得周波数 70

遅延時間 73
蓄積効果 29
蓄積電荷 12
蓄積容量 13
チャネル 32
チャネル長 33
チャネル長変調係数 36

著者略歴

樋口　龍雄（ひぐち・たつお）
　1962年　東北大学工学部電子工学科卒業
　1967年　東北大学大学院博士課程修了
　1994年　東北大学大学院情報科学研究科長
　1995年　東北大学情報処理教育センター長
　2003年　東北大学名誉教授，東北工業大学教授
　2010年　東北工業大学名誉教授
　　　　　現在に至る
　　　　　工学博士

江刺　正喜（えさし・まさよし）
　1971年　東北大学工学部電子工学科卒業
　1976年　東北大学大学院博士課程修了
　1981年　東北大学工学部電子工学科助教授
　1990年　東北大学工学部精密工学科教授
　1991年　東北大学工学部機械電子工学科教授
　2007年　東北大学原子分子材料科学高等研究機構教授
　2017年　東北大学マイクロシステム融合研究開発センター教授
　　　　　現在に至る
　　　　　工学博士

編集担当　大橋貞夫（森北出版）
編集責任　石田昇司（森北出版）
印　　刷　モリモト印刷
製　　本　協栄製本

電子情報回路 I　　　　　　　　　　　　　© 樋口龍雄・江刺正喜　2014

2014年9月9日　第1版第1刷発行　　　【本書の無断転載を禁ず】
2023年2月10日　第1版第3刷発行

著　者　樋口龍雄・江刺正喜
発行者　森北博巳
発行所　森北出版株式会社
　　　　東京都千代田区富士見1-4-11（〒102-0071）
　　　　電話 03-3265-8341 ／ FAX 03-3264-8709
　　　　http://www.morikita.co.jp/
　　　　日本書籍出版協会・自然科学書協会　会員
　　　　JCOPY ＜（社）出版者著作権管理機構 委託出版物＞

落丁・乱丁本はお取替えいたします．

Printed in Japan ／ ISBN978-4-627-71231-7